TABELLEN

ZUM

DIREKTEN ABLESEN DER SUDHAUSAUSBEUTE

UNTER ZUGRUNDELEGUNG DER DURCH DAS NEUE BAYER. MALZAUFSCHLAGGESETZ VOM 18. MÄRZ 1910 VORGESCHRIEBENEN BERECHNUNGSFORMEL

VON

FRITZ BAUER
BETRIEBSCHEMIKER VOM THOMASBRÄU IN MÜNCHEN

MÜNCHEN UND BERLIN
DRUCK UND VERLAG VON R. OLDENBOURG
1910

VORWORT.

Zur leichteren Feststellung der Ausbeute im Sudhaus existieren bislang verschiedene Hilfsmittel, die aber entweder eine Berechnung oder ein sehr genaues, für empfindliche Augen nicht leichtes Einstellen bedingen. Der Zweck des vorliegenden Buches ist es nun, die Sudhausausbeute sofort, ohne jedes Rechnen ablesen zu können, wodurch einerseits Zeit erspart und anderseits Rechenfehler oder Versehen vermieden werden.

Zwecks Einführung in die Tabellen sei bemerkt, daß letztere nach dem Extraktgehalt der Ausschlagwürze in laufender Reihenfolge von 14 % Balling bis zu 8 % Balling angeordnet wurden. Die starkprozentigen Würzen (über 14,95 % Balling) und die schwachprozentigen Würzen (unter 8,00 % Balling), deren Berechnung verhältnismäßig selten erforderlich ist, wurden nicht aufgenommen, um einem zu großen Umfang des Buches und damit einer namhaften Preiserhöhung vorzubeugen.

Die Tabellen setzen sich aus Vorlageblättern und Ablesetafeln zusammen. Neun Vorlageblätter und eine Ablesetafel umfassen durchschnittlich die Ausbeuten von einem Prozent Balling. Die Vorlageblätter enthalten am Kopfe die Malzschüttung in Zentner und Kilogramm vorgetragen, beginnen jedesmal mit 11 Ztr. bzw. 550 kg und laufen je um 1 Ztr. bzw. 50 kg steigend bis zu 100 Ztr. bzw. 5000 kg fort. In den Spalten selbst sind die zu der jeweiligen Malzschüttung gehörigen Hektoliter Ausschlagwürze angegeben. Am Ende der jeweils zusammengehörenden Vorlageblätter folgt dann die ausfaltbare Ablesetafel, die oben die Saccharometeranzeige der Ausschlagwürze, eingeteilt in halbe Zehntel Prozent Balling, angibt. Dabei umfaßt jede Ablesetafel ein Prozent Balling, beginnend mit •,95 % und sich immer um 0,05 % vermindernd bis •,00 %. Unter der Saccharometeranzeige ist die jeweilige Ausbeute eingetragen. Aus Gründen der Handlichkeit des Buches wurden die Ablesetafeln in zwei Teile von 63—70 % und von 70—78 % Ausbeute getrennt, die hintereinander angeschlossen sind. Zur Orientierung und schnellen Auffindung sind über jedem Vorlageblatt und Ablesetafel die Saccharometeranzeige und der betreffende Teil der Ablesetafel (entweder 63—70 % Ausbeute oder 70—78 % Ausbeute) angegeben. Außerdem befinden sich an den Längsseiten jeden Blattes kleine wagrechte Striche mit Zahlen, die auf allen Blättern übereinstimmen. Sie dienen zum genauen Visieren; der beigegebene Transparentstreifen ist bestimmt, die zur Ablesung notwendigen Visierzahlen schnell zu finden. Folgendes Beispiel erläutert die Handhabung der Tabellen:

Die Schüttung beträgt 65 Ztr., das Ausschlagquantum 21 hl0 und die Saccharometeranzeige 11,20 % Balling.

Zuerst schlägt man die 11 proz. Vorlageblätter auf, sucht unter der Malzschüttung 65 Ztr. die Hektoliterzahl 210 hl und legt die dazugehörige eingefaltene Ablesetafel aus. Dann visiert man mittels des Transparentstreifens auf den Hektoliterstrich 210 hl und überträgt die dabei gefundene Visierzahl 52 auf die Ablesetafel, wo man unter Saccharometeranzeige 11,20 % Balling 72,6 % Ausbeute abliest.

Bei einiger Übung ist es sehr leicht, auch Visierungen, die zwischen den Visierzahlen zu liegen kommen, schnell und richtig zu übertragen. (Ferner sei hierbei bemerkt, daß sehr kleine Differenzen zwischen einer berechneten und einer abgelesenen Ausbeute vorkommen können und beruht dies auf der photolitographischen Herstellung und der Unmöglichkeit, Papier von genau gleichgroßer Ausdehnung anfertigen zu können. Wie aber bereits gesagt, sind diese eventuellen Differenzen sehr minimal und dürften $^3/_{100}$ % Ausbeute kaum übersteigen, was aber bei einer Ausbeutebestimmung völlig belanglos ist.)

Obwohl die Vorlageblätter die Malzschüttung nur von 11—100 Ztr. angeben, so sind deswegen die Tabellen absolut nicht hierauf beschränkt, sondern es kann auch damit die Ausbeute jeder anderen beliebigen Malzschüttung abgelesen werden. Es ist in solchen Fällen nur notwendig, sowohl die Malzschüttung als auch das Ausschlagquantum im gleichen Verhältnis zu teilen oder zu vervielfältigen; dabei muß man bei einer Schüttung unter 10 Ztr. multiplizieren (am zweckdienlichsten mit 10) und bei einer Schüttung über 100 Ztr. dividieren. Beispielsweise bei 6 Ztr. Schüttung und 16,5 hl Würze würde man die Ausbeute unter 60 Ztr. Schüttung und 165 hl Würze finden, und bei 180 Ztr. Schüttung und 512 hl Würze wäre die Ausbeute unter 90 Ztr. und 256 hl abzulesen. Die Saccharometeranzeige bleibt natürlich dabei stets die gleiche.

Es ist vielleicht angebracht, an dieser Stelle eine kurze Erläuterung über den Begriff »Sudhausausbeute« zu geben.

Die Sudhausausbeute-Zahl gibt an, wieviel Gewichtsprozente Extrakt aus dem Malze in Lösung gewonnen wurden. Die Ausbeutezahl stellt mithin eine Verhältniszahl von dem im Sudprozeß gewonnenen Extrakt gegenüber dem angewandten Malze dar. 70 % Ausbeute heißt also, aus 100 kg Malz wurden 70 kg Extrakt in Lösung gewonnen.

Um die Ausbeute zu berechnen, gebraucht man folgende Angaben:

1. Das Gewicht in Zentner oder Kilogramm des zum Sudprozeß verwandten Malzes, genannt die Malzschüttung,
2. die Anzahl Hektoliter der nach Beendigung des Sudprozesses gewonnenen heißen Würze, genannt das Ausschlagquantum, und
3. die Extraktstärke der Würze, genannt der Extraktgehalt; gefunden wird dieser durch Spindeln mittels Saccharometer nach Balling der auf die Normaltemperatur 17,5° C zurückgekühlten Sudhauswürze.

Die Berechnung der Ausbeute wird auf die Normaltemperatur 17,5° C in der Würze bezogen. Die dadurch bedingte Zusammenziehung (Kontraktion) der Würze von Kochtemperatur auf 17,5° C, fernerhin die durch den Kühlprozeß hervorgerufenen Ausscheidungen (Trub), dann die Hopfenverdrängung und Flüssigkeitsaufsaugung durch den Hopfen und letzthin die Ausdehnung der Pfanne selbst durch den Kochprozeß machen in der Berechnung einen Abzug notwendig, der nach allgemein anerkannten wissenschaftlichen Feststellungen 4 % des Ausschlagquantums beträgt. Diese Ziffer ist, wie hierbei erwähnt sei, auch bei der Berechnung des vorliegenden Buches angewandt worden und stimmt gleichfalls mit der durch das neue bayerische Malzaufschlaggesetz vom 18. März 1910 von der Steuerbehörde vorgeschriebenen Berechnungsformel überein. Den Extraktgehalt zeigt das Saccharometer nur in Volumenprozenten an; um daher die Menge des Extraktes in Gewichtsprozenten zu ermitteln, ist es notwendig, die Saccharometeranzeige mit dem spezifischen Gewicht zu multiplizieren. Von diesem gefundenen Produkte sind dann 4 % in Abzug zu bringen (durch Multiplikation mit 0,96); die bleibende Summe ist auf die Einheit Zentner oder Kilogramm zu bringen und alsdann durch die Malzschüttung in Zentner oder Kilogramm zu dividieren.

Beispiel:	Schüttung	50 Ztr.,
	Ausschlagquantum . . .	150 hl,
	Extraktgehalt	12,0 % Balling.

Die heiße Würze enthält also 12,0 Volumenprozente Extrakt, d. h. in einem Liter heiße Würze sind 120 g Extrakt, multipliziert (zur Ermittelung der Gewichtsprozente) mit dem dazu gehörigen spezifischen Gewichte, in diesem Falle 1,0488, enthalten. In 150 hl = 15000 l demnach 15000 · 120 · 1,0488 g Extrakt. Nun sind durch Multiplikation mit 0,96 für Kontraktionsverluste etc. 4 % abzuziehen, sodaß der gefundene Extrakt 15000 · 120 · 1,0488 · 0,96 g = 1812,3264 kg = 36,24653 Ztr. beträgt. Die Malzschüttung betrug aber 50 Ztr., sodaß aus 1 Ztr. Malz 36,24653 : 50 = 72,49 Pfd. Extrakt in Lösung gewonnen wurden, oder eine Ausbeute von 72,49 % erzielt wurde.

Indem ich diese Tabellen der Öffentlichkeit übergebe, spreche ich den Wunsch aus, daß dieselben durch die Möglichkeit, die Ausbeute schnell und richtig feststellen zu können, ihren Zweck erfüllen und eine wohlwollende Aufnahme finden mögen.

München, im Juli 1910.

Fritz Bauer.

Gärkellerausbeute.

Um die Ausbeute im Gärkeller bzw. im Anstellbottich zu ermitteln, kann man ebenfalls die Sudhaustabellen zum direkten Ablesen anwenden. Man braucht in diesem Falle nur den gefundenen Wert durch 0,96 zu dividieren. Untenstehende Tabelle gibt — zur Umgehung der Rechnung — das gewünschte Resultat an. Wenn also beispielsweise durch die Tabellen der Wert 70,0% gefunden wurde, so ergibt sich nach untenstehender Tabelle eine Gärkellerausbeute von 72,92% bzw. abgerundet 72,9%. Bemerkt sei, daß die Gärkellerausbeute-Werte in Hundertstel Prozent angeführt wurden, damit die gewünschte Ausbeute möglichst genau festgestellt werden kann; dies gilt besonders dann, wenn auch die Sudhausausbeute-Werte auf Hundertstel abgegeben wurden. Angenommen, es wurden als Sudhausausbeute-Wert 70,65% gefunden, so würde durch Interpolieren die gewünschte Gärkellerausbeute zu 73,59% festgestellt werden.

Sud-haus-wert	Gär-keller-aus-beute	Sud-haus-wert	Gär-keller-aus-beute	Sud-haus-wert	Gär-keller-aus-beute	Sud-haus-wert	Gär-keller-aus-beute	Sud-haus-wert	Gär-keller-aus-beute
63,0	**65,63**	66,0	**68,75**	69,0	**71,88**	72,0	**75,00**	75,0	**78,13**
1	**73**	1	**85**	1	**98**	1	**10**	1	**23**
2	**83**	2	**96**	2	**72,08**	2	**21**	2	**33**
3	**94**	3	**69,06**	3	**19**	3	**31**	3	**44**
4	**66,04**	4	**17**	4	**29**	4	**42**	4	**54**
5	**15**	5	**27**	5	**40**	5	**52**	5	**65**
6	**25**	6	**38**	6	**50**	6	**63**	6	**75**
7	**35**	7	**48**	7	**60**	7	**73**	7	**85**
8	**46**	8	**58**	8	**71**	8	**83**	8	**96**
9	**56**	9	**69**	9	**81**	9	**94**	9	**79,06**
64,0	**67**	67,0	**79**	70,0	**92**	73,0	**76,04**	76,0	**17**
1	**77**	1	**90**	1	**73,02**	1	**15**	1	**27**
2	**88**	2	**70,00**	2	**13**	2	**25**	2	**38**
3	**98**	3	**10**	3	**23**	3	**35**	3	**48**
4	**67,08**	4	**21**	4	**33**	4	**46**	4	**58**
5	**19**	5	**31**	5	**44**	5	**56**	5	**69**
6	**29**	6	**42**	6	**54**	6	**67**	6	**79**
7	**40**	7	**52**	7	**65**	7	**77**	7	**90**
8	**50**	8	**63**	8	**75**	8	**88**	8	**80,00**
9	**60**	9	**73**	9	**85**	9	**98**	9	**10**
65,0	**71**	68,0	**83**	71,0	**96**	74,0	**77,08**	77,0	**21**
1	**81**	1	**94**	1	**74,06**	1	**19**	1	**31**
2	**92**	2	**71,04**	2	**17**	2	**29**	2	**42**
3	**68,02**	3	**15**	3	**27**	3	**40**	3	**52**
4	**13**	4	**25**	4	**38**	4	**50**	4	**63**
5	**23**	5	**35**	5	**48**	5	**60**	5	**73**
6	**33**	6	**46**	6	**58**	6	**71**	6	**83**
7	**44**	7	**56**	7	**69**	7	**81**	7	**94**
8	**54**	8	**67**	8	**79**	8	**92**	8	**81,04**
9	**65**	9	**77**	9	**90**	9	**78,02**	9	**15**

14 % (63 – 70 % Ausbeute)

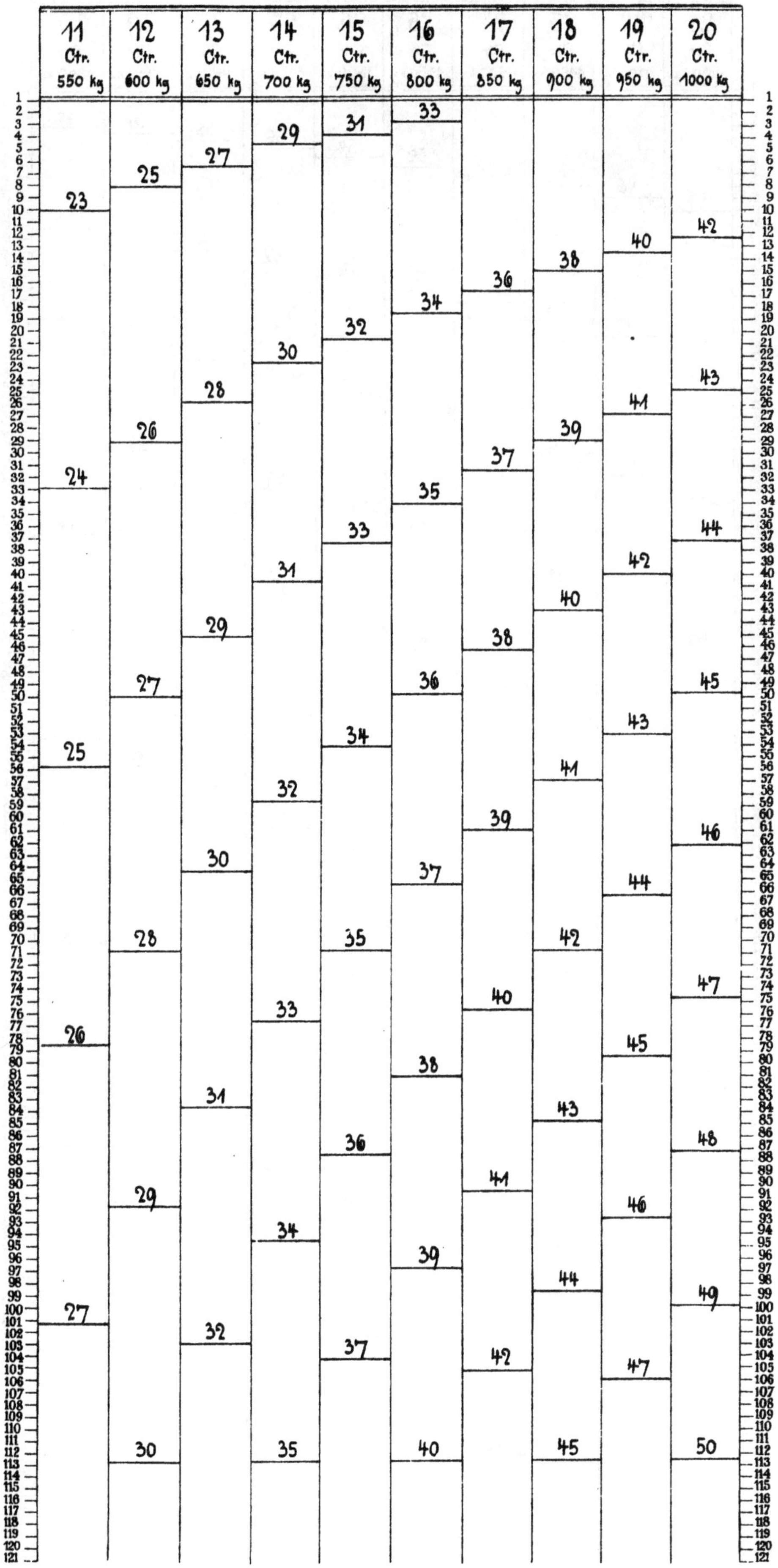
11 Ctr. 550 kg
12 Ctr. 600 kg
13 Ctr. 650 kg
14 Ctr. 700 kg
15 Ctr. 750 kg
16 Ctr. 800 kg
17 Ctr. 850 kg
18 Ctr. 900 kg
19 Ctr. 950 kg
20 Ctr. 1000 kg
23 24 25 26 27
25 26 27 28 29 30
27 28 29 30 31 32
29 30 31 32 33 34 35
31 32 33 34 35 36 37
33 34 35 36 37 38 39 40
36 37 38 39 40 41 42
38 39 40 41 42 43 44 45
40 41 42 43 44 45 46 47
42 43 44 45 46 47 48 49 50

14 % (63 – 70 % Ausbeute)

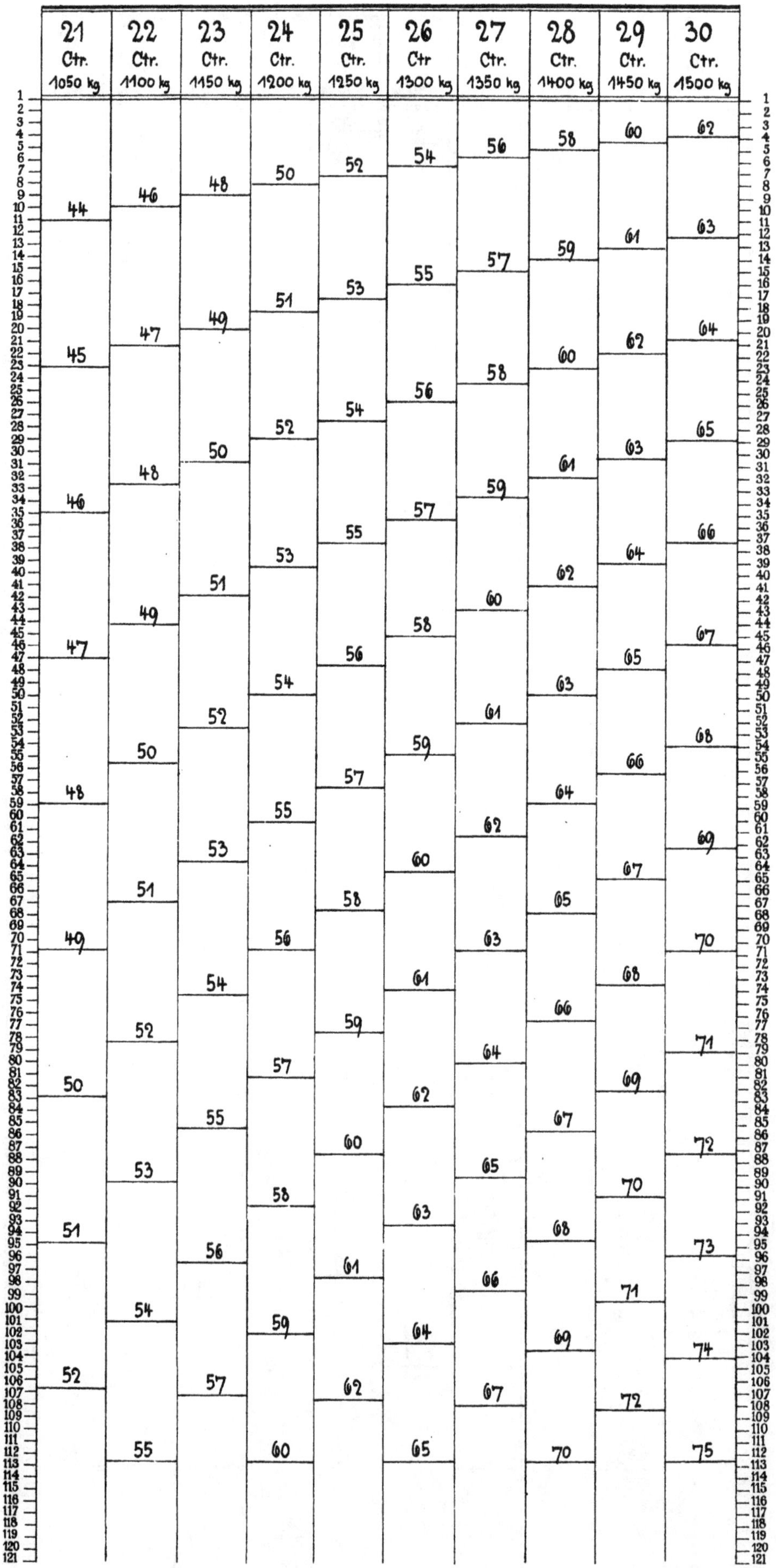

21 Ctr. 1050 kg	22 Ctr. 1100 kg	23 Ctr. 1150 kg	24 Ctr. 1200 kg	25 Ctr. 1250 kg	26 Ctr 1300 kg	27 Ctr. 1350 kg	28 Ctr. 1400 kg	29 Ctr. 1450 kg	30 Ctr. 1500 kg
44	46	48	50	52	54	56	58	60	62
45	47	49	51	53	55	57	59	61	63
46	48	50	52	54	56	58	60	62	64
47	49	51	53	55	57	59	61	63	65
48	50	52	54	56	58	60	62	64	66
49	51	53	55	57	59	61	63	65	67
50	52	54	56	58	60	62	64	66	68
51	53	55	57	59	61	63	65	67	69
52	54	56	58	60	62	64	66	68	70
	55	57	59	61	63	65	67	69	71
			60	62	64	66	68	70	72
					65	67	69	71	73
							70	72	74
									75

14 % (63–70 % Ausbeute)

31 Ctr. 1550 kg	32 Ctr. 1600 kg	33 Ctr. 1650 kg	34 Ctr. 1700 kg	35 Ctr. 1750 kg	36 Ctr. 1800 kg	37 Ctr. 1850 kg	38 Ctr. 1900 kg	39 Ctr. 1950 kg	40 Ctr. 2000 kg
65	67	69	71	73	75	77	79	81	83
66	68	70	72	74	76	78	80	82	84
67	69	71	73	75	77	79	81	83	85
68	70	72	74	76	78	80	82	84	86
69	71	73	75	77	79	81	83	85	87
70	72	74	76	78	80	82	84	86	88
71	73	75	77	79	81	83	85	87	89
72	74	76	78	80	82	84	86	88	90
73	75	77	79	81	83	85	87	89	91
74	76	78	80	82	84	86	88	90	92
75	77	79	81	83	85	87	89	91	93
76	78	80	82	84	86	88	90	92	94
77	79	81	83	85	87	89	91	93	95
	80	82	84	86	88	90	92	94	96
			85	87	89	91	93	95	97
					90	92	94	96	98
							95	97	99
									100

14 % (63—70% Ausbeute)

Nr.	41 Ctr. 2050 kg	42 Ctr. 2100 kg	43 Ctr. 2150 kg	44 Ctr. 2200 kg	45 Ctr. 2250 kg	46 Ctr. 2300 kg	47 Ctr. 2350 kg	48 Ctr. 2400 kg	49 Ctr. 2450 kg	50 Ctr. 2500 kg
4		87	89	91						
5	85									
7									102	104
8					94	96	98	100		
10		88	90	92						
11	86									
12										105
13								101	103	
14							99			
15				93	95	97				
16		89	91							
17	87									106
18								102	104	
19							100			
20						98				
21			92	94	96					
22		90								107
23	88								105	
24								103		
25							101			
26				95	97	99				
27			93							108
28		91							106	
29	89							104		
30							102			
31						100				
32				96	98					109
33			94						107	
34		92						105		
35	90						103			
37					99	101				110
38			95	97					108	
39		93						106		
41	91						104			
42						102				111
43				98	100				109	
44			96					107		
46		94					105			
47	92									112
48						103			110	
49				99	101			108		
50			97							
52		95					106			113
53	93					104			111	
54					102					
55				100				109		
56			98							
57							107			114
58		96							112	
59						105				
60	94				103			110		
61			99	101						
62							108			115
63									113	
64		97				106				
65					104			111		
66	95			102						
67			100							116
68							109		114	
70		98				107		112		
71					105					
72	96			103						117
73			101				110		115	
75		99				108				
76					106			113		
77										118
78	97			104			111		116	
79			102							
81		100				109		114		
82					107					119
84	98			105			112		117	
85			103							
86						110		115		
87		101			108					120
89				106			113		118	
90	99									
91			104					116		
92						111				121
93		102			109					
94							114		119	
95				107						
96								117		
97	100		105			112				122
99		103			110				120	
100							115			
101				108				118		
102						113				123
103	101		106							
104					111				121	
105		104					116			
107				109				119		124
108						114				
109	102		107						122	
110					112		117			
112		105						120		125
113				110		115				

14 % (63–70 % Ausbeute)

51 Ctr. 2550 kg	52 Ctr. 2600 kg	53 Ctr. 2650 kg	54 Ctr. 2700 kg	55 Ctr. 2750	56 Ctr. 2800 kg	57 Ctr. 2850 kg	58 Ctr. 2900 kg	59 Ctr. 2950 kg	60 Ctr. 3000 kg
106	108	110	112	114	116	118	120	122	124
107	109	111	113	115	117	119	121	123	125
108	110	112	114	116	118	120	122	124	126
109	111	113	115	117	119	121	123	125	127
110	112	114	116	118	120	122	124	126	128
111	113	115	117	119	121	123	125	127	129
112	114	116	118	120	122	124	126	128	130
113	115	117	119	121	123	125	127	129	131
114	116	118	120	122	124	126	128	130	132
115	117	119	121	123	125	127	129	131	133
116	118	120	122	124	126	128	130	132	134
117	119	121	123	125	127	129	131	133	135
118	120	122	124	126	128	130	132	134	136
119	121	123	125	127	129	131	133	135	137
120	122	124	126	128	130	132	134	136	138
121	123	125	127	129	131	133	135	137	139
122	124	126	128	130	132	134	136	138	140
123	125	127	129	131	133	135	137	139	141
124	126	128	130	132	134	136	138	140	142
125	127	129	131	133	135	137	139	141	143
126	128	130	132	134	136	138	140	142	144
127	129	131	133	135	137	139	141	143	145
	130	132	134	136	138	140	142	144	146
			135	137	139	141	143	145	147
					140	142	144	146	148
							145	147	149
									150

14 % (63–70 % Ausbeute)

61 Ctr. 3050 kg	62 Ctr. 3100 kg	63 Ctr. 3150 kg	64 Ctr. 3200 kg	65 Ctr. 3250 kg	66 Ctr. 3300 kg	67 Ctr. 3350 kg	68 Ctr. 3400 kg	69 Ctr. 3450 kg	70 Ctr. 3500 kg
127	129	131	133	135	137	139	141	143	145
128	130	132	134	136	138	140	142	144	146
129	131	133	135	137	139	141	143	145	147
130	132	134	136	138	140	142	144	146	148
131	133	135	137	139	141	143	145	147	149
132	134	136	138	140	142	144	146	148	150
133	135	137	139	141	143	145	147	149	151
134	136	138	140	142	144	146	148	150	152
135	137	139	141	143	145	147	149	151	153
136	138	140	142	144	146	148	150	152	154
137	139	141	143	145	147	149	151	153	155
138	140	142	144	146	148	150	152	154	156
139	141	143	145	147	149	151	153	155	157
140	142	144	146	148	150	152	154	156	158
141	143	145	147	149	151	153	155	157	159
142	144	146	148	150	152	154	156	158	160
143	145	147	149	151	153	155	157	159	161
144	146	148	150	152	154	156	158	160	162
145	147	149	151	153	155	157	159	161	163
146	148	150	152	154	156	158	160	162	164
147	149	151	153	155	157	159	161	163	165
148	150	152	154	156	158	160	162	164	166
149	151	153	155	157	159	161	163	165	167
150	152	154	156	158	160	162	164	166	168
151	153	155	157	159	161	163	165	167	169
152	154	156	158	160	162	164	166	168	170
	155	157	159	161	163	165	167	169	171
			160	162	164	166	168	170	172
					165	167	169	171	173
							170	172	174
									175

14% (63–70% Ausbeute)

71 Ctr. 3550 kg	72 Ctr. 3600 kg	73 Ctr. 3650 kg	74 Ctr. 3700 kg	75 Ctr. 3750 kg	76 Ctr. 3800 kg	77 Ctr. 3850 kg	78 Ctr. 3900 kg	79 Ctr. 3950 kg	80 Ctr. 4000 kg
147	149	151	153	155	157	160	162	164	166
148	150	152	154	156	158	161	163	165	167
149	151	153	155	157	159	162	164	166	168
150	152	154	156	158	160	163	165	167	169
151	153	155	157	159	161	164	166	168	170
152	154	156	158	160	162	165	167	169	171
153	155	157	159	161	163	166	168	170	172
154	156	158	160	162	164	167	169	171	173
155	157	159	161	163	165	168	170	172	174
156	158	160	162	164	166	169	171	173	175
157	159	161	163	165	167	170	172	174	176
158	160	162	164	166	168	171	173	175	177
159	161	163	165	167	169	172	174	176	178
160	162	164	166	168	170	173	175	177	179
161	163	165	167	169	171	174	176	178	180
162	164	166	168	170	172	175	177	179	181
163	165	167	169	171	173	176	178	180	182
164	166	168	170	172	174	177	179	181	183
165	167	169	171	173	175	178	180	182	184
166	168	170	172	174	176	179	181	183	185
167	169	171	173	175	177	180	182	184	186
168	170	172	174	176	178	181	183	185	187
169	171	173	175	177	179	182	184	186	188
170	172	174	176	178	180	183	185	187	189
171	173	175	177	179	181	184	186	188	190
172	174	176	178	180	182	185	187	189	191
173	175	177	179	181	183	186	188	190	192
174	176	178	180	182	184	187	189	191	193
175	177	179	181	183	185	188	190	192	194
176	178	180	182	184	186	189	191	193	195
177	179	181	183	185	187	190	192	194	196
	180	182	184	186	188	191	193	195	197
			185	187	189	192	194	196	198
					190		195	197	199
									200

14% (63–70% Ausbeute)

81 Ctr. 4050 kg	82 Ctr. 4100 kg	83 Ctr. 4150 kg	84 Ctr. 4200 kg	85 Ctr. 4250 kg	86 Ctr. 4300 kg	87 Ctr. 4350 kg	88 Ctr. 4400 kg	89 Ctr. 4450 kg	90 Ctr. 4500 kg
168	170	172	174	176	178	180	182	184	186
169	171	173	175	177	179	181	183	185	187
170	172	174	176	178	180	182	184	186	188
171	173	175	177	179	181	183	185	187	189
172	174	176	178	180	182	184	186	188	190
173	175	177	179	181	183	185	187	189	191
174	176	178	180	182	184	186	188	190	192
175	177	179	181	183	185	187	189	191	193
176	178	180	182	184	186	188	190	192	194
177	179	181	183	185	187	189	191	193	195
178	180	182	184	186	188	190	192	194	196
179	181	183	185	187	189	191	193	195	197
180	182	184	186	188	190	192	194	196	198
181	183	185	187	189	191	193	195	197	199
182	184	186	188	190	192	194	196	198	200
183	185	187	189	191	193	195	197	199	201
184	186	188	190	192	194	196	198	200	202
185	187	189	191	193	195	197	199	201	203
186	188	190	192	194	196	198	200	202	204
187	189	191	193	195	197	199	201	203	205
188	190	192	194	196	198	200	202	204	206
189	191	193	195	197	199	201	203	205	207
190	192	194	196	198	200	202	204	206	208
191	193	195	197	199	201	203	205	207	209
192	194	196	198	200	202	204	206	208	210
193	195	197	199	201	203	205	207	209	211
194	196	198	200	202	204	206	208	210	212
195	197	199	201	203	205	207	209	211	213
196	198	200	202	204	206	208	210	212	214
197	199	201	203	205	207	209	211	213	215
198	200	202	204	206	208	210	212	214	216
199	201	203	205	207	209	211	213	215	217
200	202	204	206	208	210	212	214	216	218
201	203	205	207	209	211	213	215	217	219
202	204	206	208	210	212	214	216	218	220
	205	207	209	211	213	215	217	219	221
			210	212	214	216	218	220	222
					215	217	219	221	223
							220	222	224
									225

14 % (63 – 70 % Ausbeute)

91 Ctr. 4550 kg	92 Ctr. 4600 kg	93 Ctr. 4650 kg	94 Ctr. 4700 kg	95 Ctr. 4750 kg	96 Ctr. 4800 kg	97 Ctr. 4850 kg	98 Ctr. 4900 kg	99 Ctr. 4950 kg	100 Ctr. 5000 kg
189	191	193	195	197	199	201	203	205	207
190	192	194	196	198	200	202	204	206	208
191	193	195	197	199	201	203	205	207	209
192	194	196	198	200	202	204	206	208	210
193	195	197	199	201	203	205	207	209	211
194	196	198	200	202	204	206	208	210	212
195	197	199	201	203	205	207	209	211	213
196	198	200	202	204	206	208	210	212	214
197	199	201	203	205	207	209	211	213	215
198	200	202	204	206	208	210	212	214	216
199	201	203	205	207	209	211	213	215	217
200	202	204	206	208	210	212	214	216	218
201	203	205	207	209	211	213	215	217	219
202	204	206	208	210	212	214	216	218	220
203	205	207	209	211	213	215	217	219	221
204	206	208	210	212	214	216	218	220	222
205	207	209	211	213	215	217	219	221	223
206	208	210	212	214	216	218	220	222	224
207	209	211	213	215	217	219	221	223	225
208	210	212	214	216	218	220	222	224	226
209	211	213	215	217	219	221	223	225	227
210	212	214	216	218	220	222	224	226	228
211	213	215	217	219	221	223	225	227	229
212	214	216	218	220	222	224	226	228	230
213	215	217	219	221	223	225	227	229	231
214	216	218	220	222	224	226	228	230	232
215	217	219	221	223	225	227	229	231	233
216	218	220	222	224	226	228	230	232	234
217	219	221	223	225	227	229	231	233	235
218	220	222	224	226	228	230	232	234	236
219	221	223	225	227	229	231	233	235	237
220	222	224	226	228	230	232	234	236	238
221	223	225	227	229	231	233	235	237	239
222	224	226	228	230	232	234	236	238	240
223	225	227	229	231	233	235	237	239	241
224	226	228	230	232	234	236	238	240	242
225	227	229	231	233	235	237	239	241	243
226	228	230	232	234	236	238	240	242	244
227	229	231	233	235	237	239	241	243	245
	230	232	234	236	238	240	242	244	246
			285	237	239	241	243	245	247
					240	242	244	246	248
							245	247	249
									250

14.95 – 14.00 % Bllg. – 63 – 70 % Ausbeute.

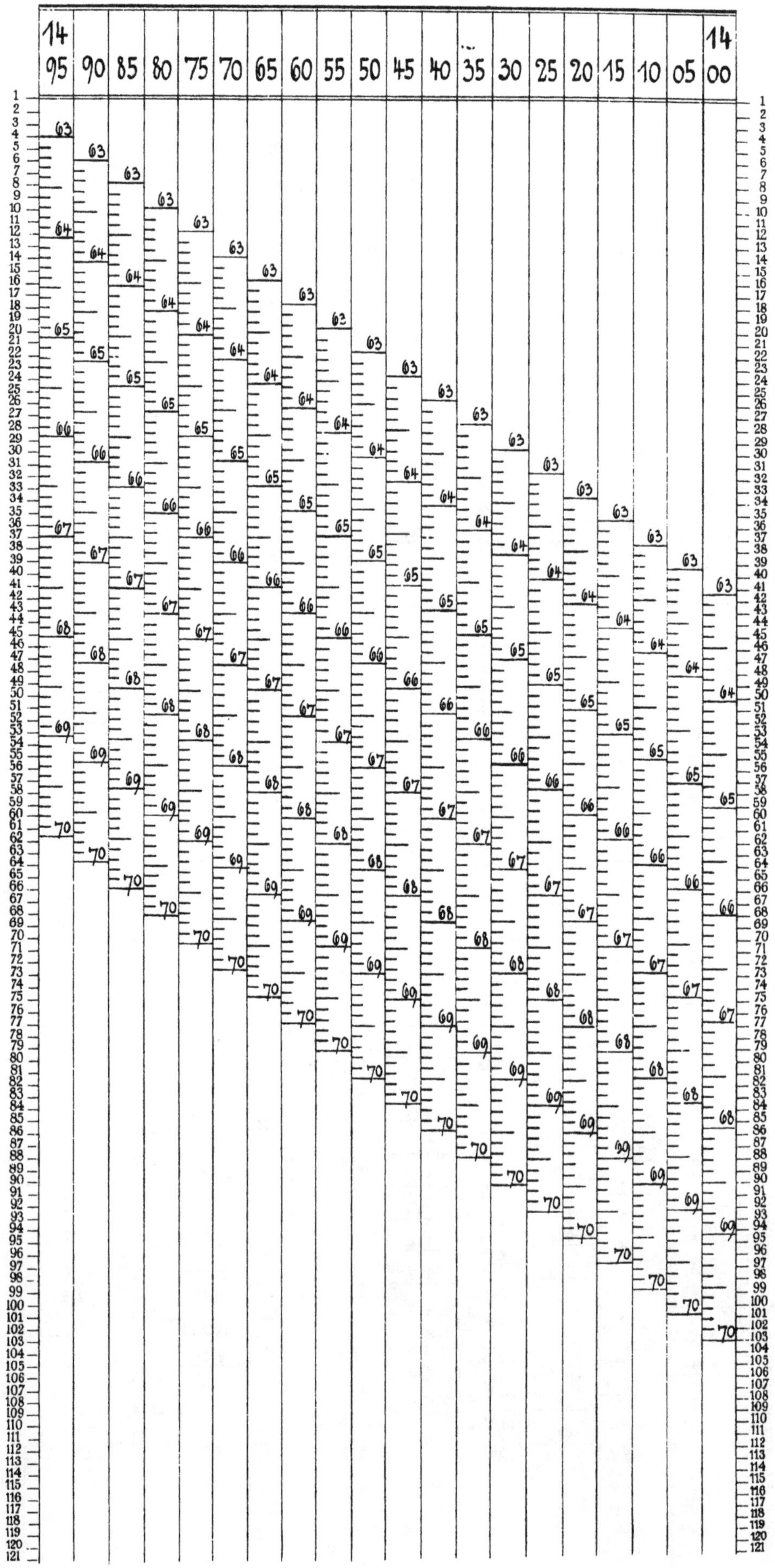

14 95
90
85
80
75
70
65
60
55
50
45
40
35
30
25
20
15
10
05
14 00

14% (70–78% Ausbeute)

11 Ctr. 550 kg	12 Ctr. 600 kg	13 Ctr. 650 kg	14 Ctr. 700 kg	15 Ctr. 750 kg	16 Ctr. 800 kg	17 Ctr. 850 kg	18 Ctr. 900 kg	19 Ctr. 950 kg	20 Ctr. 1000 kg
26	28	30	33	35	37	39	42	44	46
27	29	31	34	36	38	40	43	45	47
28	30	32	35	37	39	41	44	46	48
29	31	33	36	38	40	42	45	47	49
30	32	34	37	39	41	43	46	48	50
	33	35	38	40	42	44	47	49	51
				41	43	45	48	50	52
					44	46	49	51	53
								52	54
									55

14% (70—78% Ausbeute)

Nr.	21 Ctr. 1050 kg	22 Ctr. 1100 kg	23 Ctr. 1150 kg	24 Ctr. 1200 kg	25 Ctr. 1250 kg	26 Ctr. 1300 kg	27 Ctr. 1350 kg	28 Ctr. 1400 kg	29 Ctr. 1450 kg	30 Ctr. 1500 kg
3				55			62			
4										69
5			53			60				
6									67	
8		51			58					
9								65		
12	49						63			70
13				56						
15			54			61			68	
18								66		
19					59					
20		52								71
21							64			
22				57						
24									69	
25	50					62				
26			55							
27								67		
28					60					72
30		53					65			
32				58					70	
34						63				
36	51							68		
37			56		61					73
39							66			
41									71	
42		54								
44				59		64				
45								69		74
48	52		57		62					
49							67			
50									72	
54		55		60		65		70		75
58									73	
59			58		63		68			
60	53									
62				61						
63								71		
64						66				
65		56								
67									74	
69							69			
70			59		64					77
72	54							72		
73						67				
74				62						
76		57							75	
78							70			78
79					65					
81			60					73		
84	55					68			76	
85				63						
87							71			
88		58								79
89					66					
90								74		
91			61							
93						69			77	
95				64						
96	56						72			80
99		59			67			75		
101									78	
102						70				
103			62							
104										81
105				65			73			
108	57							76		
109					68					
110									79	
111		60								
112						71				82
114			63							

14% (70–78% Ausbeute)

31 Ctr. 1550 kg	32 Ctr. 1600 kg	33 Ctr. 1650 kg	34 Ctr. 1700 kg	35 Ctr. 1750 kg	36 Ctr 1800 kg	37 Ctr. 1850 kg	38 Ctr. 1900 kg	39 Ctr. 1950 kg	40 Ctr. 2000 kg
72	74	76	78	81	83	85	88	90	92
73	75	77	79	82	84	86	89	91	93
74	76	78	80	83	85	87	90	92	94
75	77	79	81	84	86	88	91	93	95
76	78	80	82	85	87	89	92	94	96
77	79	81	83	86	88	90	93	95	97
78	80	82	84	87	89	91	94	96	98
79	81	83	85	88	90	92	95	97	99
80	82	84	86	89	91	93	96	98	100
81	83	85	87	90	92	94	97	99	101
82	84	86	88	91	93	95	98	100	102
83	85	87	89	92	94	96	99	101	103
84	86	88	90	93	95	97	100	102	104
85	87	89	91	94	96	98	101	103	105
	88	90	92	95	97	99	102	104	106
			93	96	98	100	103	105	107
						101	104	106	108
								107	109
									110

14% (70—78% Ausbeute)

#	41 Ctr. 2050 kg	42 Ctr. 2100 kg	43 Ctr. 2150 kg	44 Ctr. 2200 kg	45 Ctr. 2250 kg	46 Ctr. 2300 kg	47 Ctr. 2350 kg	48 Ctr. 2400 kg	49 Ctr. 2450 kg	50 Ctr. 2500 kg	#
1											1
2											2
3				101			108			115	3
4											4
5			99			106			113		5
6		97			104						6
7	95							111			7
8				102							8
9							109			116	9
10			100			107			114		10
11											11
12		98			105						12
13								112			13
14	96			103						117	14
15							110				15
16			101			108			115		16
17											17
18		99			106			113			18
19										118	19
20	97			104			111				20
21						109			116		21
22			102								22
23											23
24		100			107			114		119	24
25											25
26	98			105			112		117		26
27						110					27
28			103								28
29					108			115		120	29
30		101									30
31				106		111			118		31
32	99						113				32
33											33
34			104					116			34
35					109						35
36		102									36
37				107			114				37
38						112					38
39	100							117		122	39
40			105								40
41					110				120		41
42		103					115				42
43				108		113					43
44								118		123	44
45	101										45
46			106		111				121		46
47							116				47
48		104		109		114					48
49								119		124	49
50											50
51	102		107		112				122		51
52							117				52
53											53
54		105		110		115		120		125	54
55											55
56											56
57	103		108		113		118		123		57
58											58
59						116		121		126	59
60		106		111							60
61											61
62							119		124		62
63	104		109		114						63
64								122		127	64
65				112		117					65
66		107									66
67							120		125		67
68					115						68
69			110					123		128	69
70	105					118					70
71				113							71
72		108					121		126		72
73											73
74			111		116			124		129	74
75	106										75
76				114		119					76
77									127		77
78		109					122			130	78
79					117						79
80			112					125			80
81	107					120					81
82				115					128		82
83							123				83
84		110								131	84
85					118			126			85
86			113								86
87						121					87
88	108			116			124		129		88
89										132	89
90		111			119			127			90
91											91
92			114			122					92
93	109			117			125		130		93
94										133	94
95											95
96		112		117	120			128			96
97			115			123					97
98									131		98
99	110			118			126			134	99
100											100
101					121			129			101
102											102
103		113				124			132		103
104							127			135	104
105	111			119							105
106								130			106
107		114			122						107
108			117			125			133		108
109							128			136	109
110											110
111				120							111
112	112				123			131			112
113									134		113
114		115				126				137	114
115			118				129				115
116				121				132			116
117											117
118											118
119											119
120											120
121											121

14 % (70—78 % Ausbeute)

Row	51 Ctr. 2550 kg	52 Ctr. 2600 kg	53 Ctr. 2650 kg	54 Ctr. 2700 kg	55 Ctr. 2750 kg	56 Ctr. 2800 kg	57 Ctr. 2850 kg	58 Ctr. 2900 kg	59 Ctr. 2950 kg	60 Ctr. 3000 kg
2	117									
3				124						
4			122			129	131			138
5		120							136	
6	118				127					
7				125				134		
8			123				132			139
9						130			137	
10		121								
11	119				128			135		
12				126						140
13			124			131	133		138	
15		122			129					
16	120			127				136		141
17						132	134			
18			125						139	
20		123			130			137		
21	121			128						142
22			126			133	135		140	
24					131			138		
25		124								143
26	122			129			136		141	
27			127			134				
28								139		
29		125			132					144
30				130			137			
31	123					135			142	
32			128					140		
33					133					145
35				131			138		143	
36	124					136				
37			129					141		
38					134					146
39		127		132			139		144	
40						137				
41	125									
42			130		135			142		147
43							140			
44		128		133					145	
45						138				
46	126							143		148
47			131		136		141			
48									146	
49		129		134		139		144		
50							142			149
51	127		132		137					
52									147	
53				135						
54		130				140	143	145		
55										150
56	128		133		138					
57							144		148	
58				136		141		146		
59		131								151
61	129		134		139				149	
63		132		137		142	145	147		152
65			135						150	
66	130				140			148		
67				138		143				153
68		133								
69							146		151	
70			136		141					
71	131			139				149		154
72						144				
73		134					147		152	
74			137							
75					142			150		
76	132			140		145				155
78		135			143		148			
79			138						153	
80								151		156
81	133			141		146				
82									154	
83		136					149			
84			139		144			152		157
85						147				
86	134			142					155	
87							150			
88		137			145			153		
89			140							158
90						148			156	
91	135			143						
92		138					151			
93			141		146			154		159
94						149				
95				144					157	
96	136						152			160
97		139			147			155		
98			142							
99						150			158	
100				145			153			161
101	137	140						156		
102					148					
103			143			151			159	162
104				146						
105	138						154	157		
106		141			149				160	
107						152				163
108			144							
109				147			155	158		
110	139									
111		142			150				161	
112			145			153				164
113							156			
114				148				159		
115	140				151				162	
116		143				154				165
117			146							

Row	61 Ctr. 3050 kg	62 Ctr. 3100 kg	63 Ctr. 3150 kg	64 Ctr. 3200 kg	65 Ctr. 3250 kg	66 Ctr. 3300 kg	67 Ctr. 3350 kg	68 Ctr. 3400 kg	69 Ctr. 3450 kg	70 Ctr. 3500 kg
1										
2										
3	140			147	149		154	156		
4			145							161
5		143				152			159	
6	141				150			157		
7				148			155			162
8			146							
9		144				153			160	
10	142				151			158		
11				149			156			163
12			147							
13		145				154			161	
14	143				152			159		
15				150			157			164
16			148							
17		146				155		160	162	
18	144				153					165
19				151			158			
20			149							
21		147				156		161	163	
22	145				154					166
23				152			159			
24			150						164	
25		148				157		162		167
26					155					
27	146			153			160			
28			151					163	165	168
29		149				158				
30					156					
31	147			154			161		166	
32			152					164		169
33		150				159				
34					157					
35				155			162		167	170
36	148		153					165		
37		151				160				
38					158					
39				156			163	166	168	171
40	149		154			161				
41										
42		152			159				169	172
43				157			164	167		
44	150		155			162				
45										
46		153			160		165		170	173
47				158				168		
48	151		156			163				
49					161				171	
50		154					166	169		174
51	152			159						
52			157			164				
53					162				172	175
54		155		160			167	170		
55						165				
56	153		158							
57				161	163				173	176
58		156					168	171		
59			159			166				
60	154								174	177
61					164			172		
62		157		162			169			
63						167				
64	155		160		165				175	178
65								173		
66		158		163			170			
67						168			176	
68	156		161							179
69					166			174		
70		159		164			171			
71						169			177	180
72	157		162		167					
73							172	175		
74		160		165		170			178	
75										181
76	158		163		168			176		
77							173			
78		161		166		171			179	182
79										
80	159		164		169			177		
81				167			174		180	
82		162				172				183
83										
84			165		170			178		
85	160			168			175		181	184
86		163				173				
87										
88			166		171			179		
89	161			169			176		182	185
90		164				174				
91								180		
92			167		172				183	
93	162			170			177			186
94		165				175				
95								181		
96			168		173				184	
97	163			171			178			187
98		166				176				
99								182	185	
100			169		174					188
101	164			172			179			
102		167				177		183		
103									186	
104			170		175					189
105	165			173			180			
106		168				178		184		
107			171		176				187	190
108										
109	166			174			181			
110		169				179		185	188	
111					177					191
112			172				182			
113	167			175				186		
114		170				180			189	192
115			173		178		183			
116										
117				176		181	184	187		
118										
119										
120										
121										

14 % (70–78 % Ausbeute)

71 Ctr. 3550 kg	72 Ctr. 3600 kg	73 Ctr. 3650 kg	74 Ctr. 3700 kg	75 Ctr. 3750 kg	76 Ctr. 3800 kg	77 Ctr. 3850 kg	78 Ctr. 3900 kg	79 Ctr. 3950 kg	80 Ctr. 4000 kg
163	166	168	170	172	175	177	179	182	184
164	167	169	171	173	176	178	180	183	185
165	168	170	172	174	177	179	181	184	186
166	169	171	173	175	178	180	182	185	187
167	170	172	174	176	179	181	183	186	188
168	171	173	175	177	180	182	184	187	189
169	172	174	176	178	181	183	185	188	190
170	173	175	177	179	182	184	186	189	191
171	174	176	178	180	183	185	187	190	192
172	175	177	179	181	184	186	188	191	193
173	176	178	180	182	185	187	189	192	194
174	177	179	181	183	186	188	190	193	195
175	178	180	182	184	187	189	191	194	196
176	179	181	183	185	188	190	192	195	197
177	180	182	184	186	189	191	193	196	198
178	181	183	185	187	190	192	194	197	199
179	182	184	186	188	191	193	195	198	200
180	183	185	187	189	192	194	196	199	201
181	184	186	188	190	193	195	197	200	202
182	185	187	189	191	194	196	198	201	203
183	186	188	190	192	195	197	199	202	204
184	187	189	191	193	196	198	200	203	205
185	188	190	192	194	197	199	201	204	206
186	189	191	193	195	198	200	202	205	207
187	190	192	194	196	199	201	203	206	208
188	191	193	195	197	200	202	204	207	209
189	192	194	196	198	201	203	205	208	210
190	193	195	197	199	202	204	206	209	211
191	194	196	198	200	203	205	207	210	212
192	195	197	199	201	204	206	208	211	213
193	196	198	200	202	205	207	209	212	214
194	197	199	201	203	206	208	210	213	215
195	198	200	202	204	207	209	211	214	216
			203	205	208	210	212	215	217
						211	213	216	218
							214	217	219
									220

14% (70–78% Ausbeute)

81 Ctr. 4050 kg	82 Ctr. 4100 kg	83 Ctr. 4150 kg	84 Ctr. 4200 kg	85 Ctr. 4250 kg	86 Ctr. 4300 kg	87 Ctr. 4350 kg	88 Ctr. 4400 kg	89 Ctr. 4450 kg	90 Ctr. 4500 kg
186	189	191	193	196	198	200	202	205	207
187	190	192	194	197	199	201	203	206	208
188	191	193	195	198	200	202	204	207	209
189	192	194	196	199	201	203	205	208	210
190	193	195	197	200	202	204	206	209	211
191	194	196	198	201	203	205	207	210	212
192	195	197	199	202	204	206	208	211	213
193	196	198	200	203	205	207	209	212	214
194	197	199	201	204	206	208	210	213	215
195	198	200	202	205	207	209	211	214	216
196	199	201	203	206	208	210	212	215	217
197	200	202	204	207	209	211	213	216	218
198	201	203	205	208	210	212	214	217	219
199	202	204	206	209	211	213	215	218	220
200	203	205	207	210	212	214	216	219	221
201	204	206	208	211	213	215	217	220	222
202	205	207	209	212	214	216	218	221	223
203	206	208	210	213	215	217	219	222	224
204	207	209	211	214	216	218	220	223	225
205	208	210	212	215	217	219	221	224	226
206	209	211	213	216	218	220	222	225	227
207	210	212	214	217	219	221	223	226	228
208	211	213	215	218	220	222	224	227	229
209	212	214	216	219	221	223	225	228	230
210	213	215	217	220	222	224	226	229	231
211	214	216	218	221	223	225	227	230	232
212	215	217	219	222	224	226	228	231	233
213	216	218	220	223	225	227	229	232	234
214	217	219	221	224	226	228	230	233	235
215	218	220	222	225	227	229	231	234	236
216	219	221	223	226	228	230	232	235	237
217	220	222	224	227	229	231	233	236	238
218	221	223	225	228	230	232	234	237	239
219	222	224	226	229	231	233	235	238	240
220	223	225	227	230	232	234	236	239	241
221	224	226	228	231	233	235	237	240	242
222	225	227	229	232	234	236	238	241	243
		228	230	233	235	237	239	242	244
			231		236	238	240	243	245
						239	241	244	246
							242		247

14 % (70–78 % Ausbeute)

91 Ctr. 4550 kg	92 Ctr. 4600 kg	93 Ctr. 4650 kg	94 Ctr. 4700 kg	95 Ctr. 4750 kg	96 Ctr. 4800 kg	97 Ctr. 4850 kg	98 Ctr. 4900 kg	99 Ctr. 4950 kg	100 Ctr. 5000 kg
209	211	214	216	218	221	223	225	227	230
210	212	215	217	219	222	224	226	228	231
211	213	216	218	220	223	225	227	229	232
212	214	217	219	221	224	226	228	230	233
213	215	218	220	222	225	227	229	231	234
214	216	219	221	223	226	228	230	232	235
215	217	220	222	224	227	229	231	233	236
216	218	221	223	225	228	230	232	234	237
217	219	222	224	226	229	231	233	235	238
218	220	223	225	227	230	232	234	236	239
219	221	224	226	228	231	233	235	237	240
220	222	225	227	229	232	234	236	238	241
221	223	226	228	230	233	235	237	239	242
222	224	227	229	231	234	236	238	240	243
223	225	228	230	232	235	237	239	241	244
224	226	229	231	233	236	238	240	242	245
225	227	230	232	234	237	239	241	243	246
226	228	231	233	235	238	240	242	244	247
227	229	232	234	236	239	241	243	245	248
228	230	233	235	237	240	242	244	246	249
229	231	234	236	238	241	243	245	247	250
230	232	235	237	239	242	244	246	248	251
231	233	236	238	240	243	245	247	249	252
232	234	237	239	241	244	246	248	250	253
233	235	238	240	242	245	247	249	251	254
234	236	239	241	243	246	248	250	252	255
235	237	240	242	244	247	249	251	253	256
236	238	241	243	245	248	250	252	254	257
237	239	242	244	246	249	251	253	255	258
238	240	243	245	247	250	252	254	256	259
239	241	244	246	248	251	253	255	257	260
240	242	245	247	249	252	254	256	258	261
241	243	246	248	250	253	255	257	259	262
242	244	247	249	251	254	256	258	260	263
243	245	248	250	252	255	257	259	261	264
244	246	249	251	253	256	258	260	262	265
245	247	250	252	254	257	259	261	263	266
246	248	251	253	255	258	260	262	264	267
247	249	252	254	256	259	261	263	265	268
248	250	253	255	257	260	262	264	266	269
249	251	254	256	258	261	263	265	267	270
250	252	255	257	259	262	264	266	268	271
	253		258	260	263	265	267	269	272
						266	268	270	273
							269	271	274
								272	275

14.95 – 14.00 % Bllg. 70 – 78 % Ausbeute.

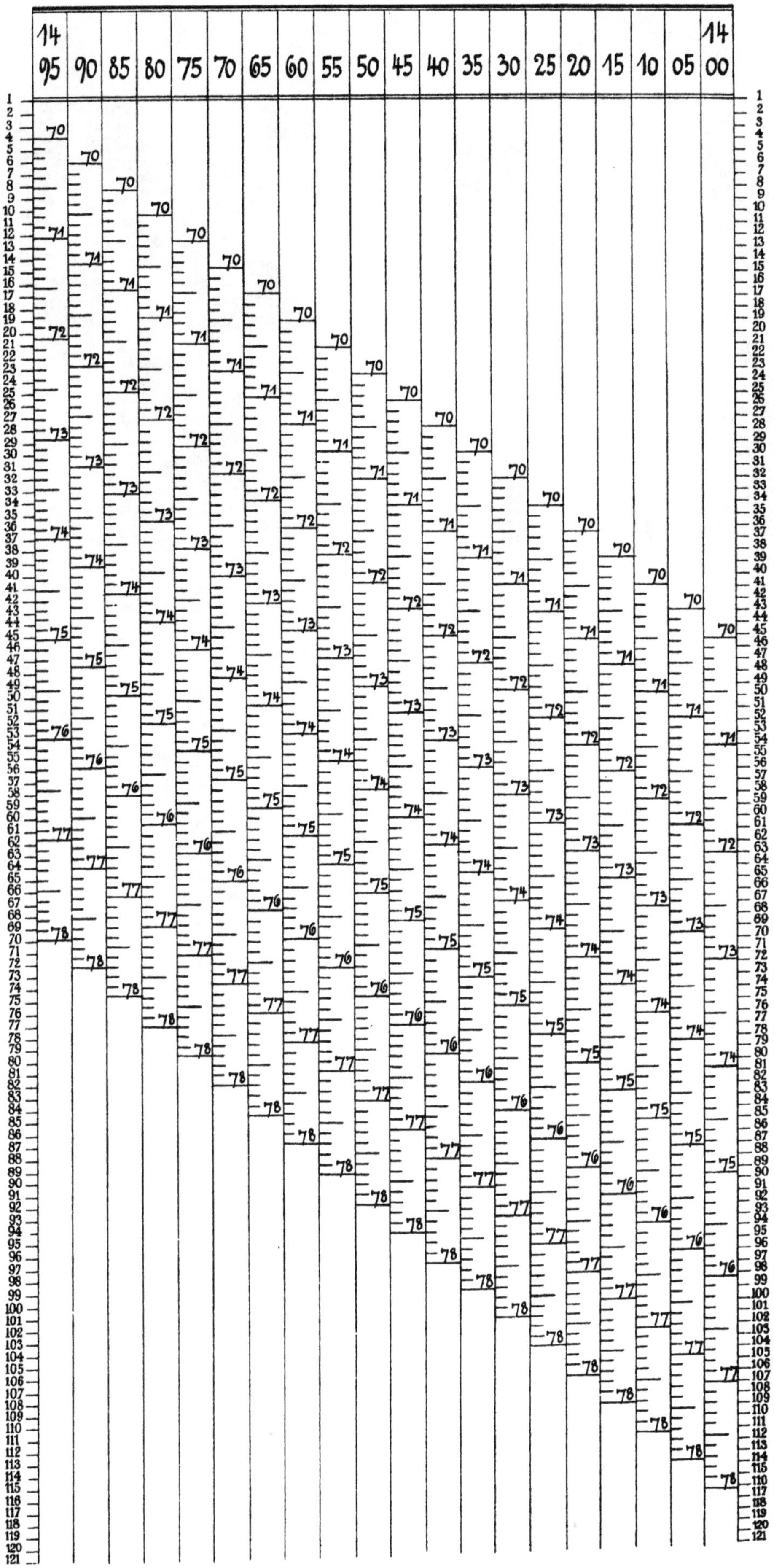

14 95
90
85
80
75
70
65
60
55
50
45
40
35
30
25
20
15
10
05
14 00

13 % (63—70 % Ausbeute)

Row	11 Ctr. 550 kg	12 Ctr. 600 kg	13 Ctr. 650 kg	14 Ctr. 700 kg	15 Ctr. 750 kg	16 Ctr. 800 kg	17 Ctr. 850 kg	18 Ctr. 900 kg	19 Ctr. 950 kg	20 Ctr. 1000 kg
2								40		
4			29							
5							38			
9		27				36				45
12					34				43	
14	25									
15								41		
17				32						
20							39			
21										46
24			30							
25						37			44	
30		28			35			42		
34										47
35							40			
36				33						
37	26									
38									45	
39						38				
44			31					43		
46										48
47					36					
49							41			
51		29								
52									46	
53				34						
56						39				
57								44		
59										49
60	27									
62			32							
64					37		42			
66									47	
72		30		35		40		45		50
78									48	
79							43			
80					38					
82			33							
83	28									
84										51
85								46		
87						41				
90				36						
92									49	
93		31								
94							44			
97					39					52
99								47		
101			34							
103						42				
105									50	
106	29									
108				37						
109							45			
110										53
114		32			40			48		

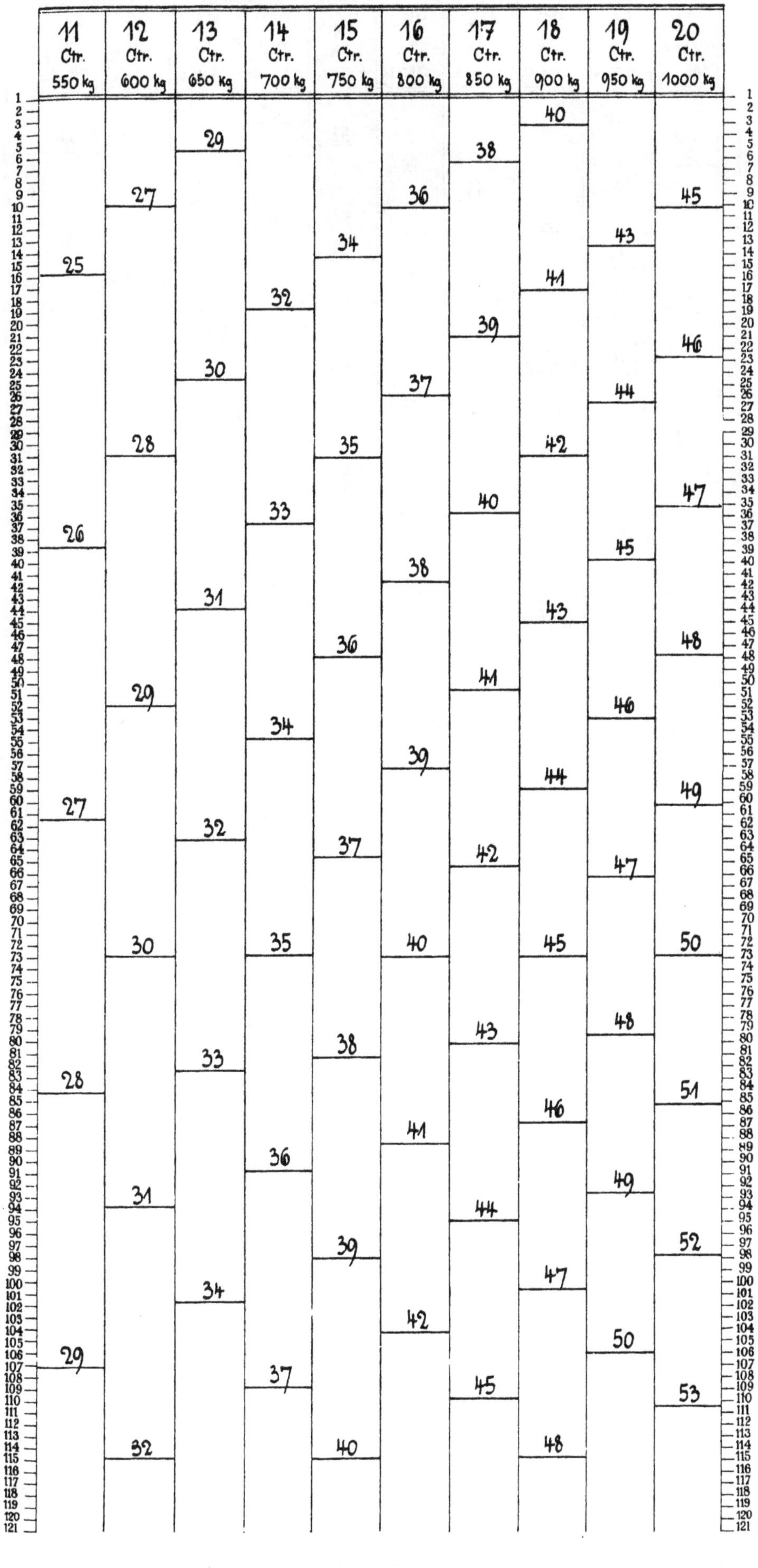

13% (63–70% Ausbeute)

21 Ctr. 1050 kg	22 Ctr. 1100 kg	23 Ctr. 1150 kg	24 Ctr. 1200 kg	25 Ctr. 1250 kg	26 Ctr. 1300 kg	27 Ctr. 1350 kg	28 Ctr. 1400 kg	29 Ctr. 1450 kg	30 Ctr. 1500 kg
47	49	52	54	56	58	60	63	65	67
48	50	53	55	57	59	61	64	66	68
49	51	54	56	58	60	62	65	67	69
50	52	55	57	59	61	63	66	68	70
51	53	56	58	60	62	64	67	69	71
52	54	57	59	61	63	65	68	70	72
53	55	58	60	62	64	66	69	71	73
54	56	59	61	63	65	67	70	72	74
55	57	60	62	64	66	68	71	73	75
56	58	61	63	65	67	69	72	74	76
			64	66	68	70	73	75	77
					69	71	74	76	78
						72		77	79

13 % (63–70 % Ausbeute)

31 Ctr. 1550 kg	32 Ctr. 1600 kg	33 Ctr. 1650 kg	34 Ctr. 1700 kg	35 Ctr. 1750 kg	36 Ctr. 1800 kg	37 Ctr. 1850 kg	38 Ctr. 1900 kg	39 Ctr. 1950 kg	40 Ctr. 2000 kg
69	72	74	76	78	80	83	85	87	89
70	73	75	77	79	81	84	86	88	90
71	74	76	78	80	82	85	87	89	91
72	75	77	79	81	83	86	88	90	92
73	76	78	80	82	84	87	89	91	93
74	77	79	81	83	85	88	90	92	94
75	78	80	82	84	86	89	91	93	95
76	79	81	83	85	87	90	92	94	96
77	80	82	84	86	88	91	93	95	97
78	81	83	85	87	89	92	94	96	98
79	82	84	86	88	90	93	95	97	99
80	83	85	87	89	91	94	96	98	100
81	84	86	88	90	92	95	97	99	101
82	85	87	89	91	93	96	98	100	102
		88	90	92	94	97	99	101	103
				93	95	98	100	102	104
					96		101	103	105
								104	106

13% (63–70% Ausbeute)

41 Ctr. 2050 kg	42 Ctr. 2100 kg	43 Ctr. 2150 kg	44 Ctr. 2200 kg	45 Ctr. 2250 kg	46 Ctr. 2300 kg	47 Ctr. 2350 kg	48 Ctr. 2400 kg	49 Ctr. 2450 kg	50 Ctr. 2500 kg
91	94	96	98	100	103	105	107	109	112
92	95	97	99	101	104	106	108	110	113
93	96	98	100	102	105	107	109	111	114
94	97	99	101	103	106	108	110	112	115
95	98	100	102	104	107	109	111	113	116
96	99	101	103	105	108	110	112	114	117
97	100	102	104	106	109	111	113	115	118
98	101	103	105	107	110	112	114	116	119
99	102	104	106	108	111	113	115	117	120
100	103	105	107	109	112	114	116	118	121
101	104	106	108	110	113	115	117	119	122
102	105	107	109	111	114	116	118	120	123
103	106	108	110	112	115	117	119	121	124
104	107	109	111	113	116	118	120	122	125
105	108	110	112	114	117	119	121	123	126
106	109	111	113	115	118	120	122	124	127
107	110	112	114	116	119	121	123	125	128
108	111	113	115	117	120	122	124	126	129
109	112	114	116	118	121	123	125	127	130
			117	119	122	124	126	128	131
				120		125	127	129	132
							128	130	133

13 % (63–70 % Ausbeute)

51 Ctr. 2550 kg	52 Ctr. 2600 kg	53 Ctr. 2650 kg	54 Ctr. 2700 kg	55 Ctr. 2750 kg	56 Ctr. 2800 kg	57 Ctr. 2850 kg	58 Ctr. 2900 kg	59 Ctr. 2950 kg	60 Ctr. 3000 kg
114	116	118	121	123	125	127	129	131	134
115	117	119	122	124	126	128	130	132	135
116	118	120	123	125	127	129	131	133	136
117	119	121	124	126	128	130	132	134	137
118	120	122	125	127	129	131	133	135	138
119	121	123	126	128	130	132	134	136	139
120	122	124	127	129	131	133	135	137	140
121	123	125	128	130	132	134	136	138	141
122	124	126	129	131	133	135	137	139	142
123	125	127	130	132	134	136	138	140	143
124	126	128	131	133	135	137	139	141	144
125	127	129	132	134	136	138	140	142	145
126	128	130	133	135	137	139	141	143	146
127	129	131	134	136	138	140	142	144	147
128	130	132	135	137	139	141	143	145	148
129	131	133	136	138	140	142	144	146	149
130	132	134	137	139	141	143	145	147	150
131	133	135	138	140	142	144	146	148	151
132	134	136	139	141	143	145	147	149	152
133	135	137	140	142	144	146	148	150	153
134	136	138	141	143	145	147	149	151	154
135	137	139	142	144	146	148	150	152	155
	138	140	143	145	147	149	151	153	156
		141	144	146	148	150	152	154	157
					149	151	153	155	158
						152	154	156	159
							155	157	160

13 % (63 – 70 % Ausbeute)

61 Ctr. 3050 kg	62 Ctr. 3100 kg	63 Ctr. 3150 kg	64 Ctr. 3200 kg	65 Ctr. 3250 kg	66 Ctr. 3300 kg	67 Ctr. 3350 kg	68 Ctr. 3400 kg	69 Ctr. 3450 kg	70 Ctr. 3500 kg
136	138	141	143	145	147	149	152	154	156
137	139	142	144	146	148	150	153	155	157
138	140	143	145	147	149	151	154	156	158
139	141	144	146	148	150	152	155	157	159
140	142	145	147	149	151	153	156	158	160
141	143	146	148	150	152	154	157	159	161
142	144	147	149	151	153	155	158	160	162
143	145	148	150	152	154	156	159	161	163
144	146	149	151	153	155	157	160	162	164
145	147	150	152	154	156	158	161	163	165
146	148	151	153	155	157	159	162	164	166
147	149	152	154	156	158	160	163	165	167
148	150	153	155	157	159	161	164	166	168
149	151	154	156	158	160	162	165	167	169
150	152	155	157	159	161	163	166	168	170
151	153	156	158	160	162	164	167	169	171
152	154	157	159	161	163	165	168	170	172
153	155	158	160	162	164	166	169	171	173
154	156	159	161	163	165	167	170	172	174
155	157	160	162	164	166	168	171	173	175
156	158	161	163	165	167	169	172	174	176
157	159	162	164	166	168	170	173	175	177
158	160	163	165	167	169	171	174	176	178
159	161	164	166	168	170	172	175	177	179
160	162	165	167	169	171	173	176	178	180
161	163	166	168	170	172	174	177	179	181
162	164	167	169	171	173	175	178	180	182
	165	168	170	172	174	176	179	181	183
				173	175	177	180	182	184
					176	178	181	183	185
						179	182	184	186
									187

13% (63 – 70% Ausbeute)

#	71 Ctr. 3550 kg	72 Ctr. 3600 kg	73 Ctr. 3650 kg	74 Ctr. 3700 kg	75 Ctr. 3750 kg	76 Ctr. 3800 kg	77 Ctr. 3850 kg	78 Ctr. 3900 kg	79 Ctr. 3950 kg	80 Ctr. 4000 kg	#
1											1
2											2
3		160			167	169			176	178	3
4	158			165				174			4
5			163				172				5
6		161				170				179	6
7	159			166	168			175	177		7
8			164				173				8
9		162				171				180	9
10	160				169				178		10
11				167			174	176			11
12		163	165							181	12
13	161					172			179		13
14				168	170			177			14
15			166				175				15
16		164				173				182	16
17	162				171			178	180		17
18			167	169			176				18
19		165				174				183	19
20	163							179	181		20
21				170	172		177				21
22			168							184	22
23		166				175		180	182		23
24	164			171	173		178				24
25			169							185	25
26						176			183		26
27		167		172				181			27
28	165		170				179			186	28
29					174	177			184		29
30		168						182			30
31	166		171	173	175					187	31
32						178	180		185		32
33								183			33
34		169				179	181			188	34
35	167		172	174	176				186		35
36											36
37		170			177			184		189	37
38				175			182		187		38
39	168		173			180					39
40					178			185		190	40
41		171		176			183		188		41
42	169		174			181					42
43								186		191	43
44		172			179		184		189		44
45				177		182				192	45
46	170		175					187			46
47					180		185				47
48		173	176	178					190		48
49	171					183		188			49
50					181		186			193	50
51		174		179					191		51
52						184					52
53	172		177		182			189		194	53
54				180			187		192		54
55		175				185					55
56	173		178					190		195	56
57					183		188				57
58		176		181					193		58
59						186					59
60	174		179		184		189	191		196	60
61				182					194		61
62		177				187					62
63	175		180					192		197	63
64					185		190		195		64
65		178		183		188					65
66								193		198	66
67	176		181		186		191		196		67
68				184							68
69		179				189		194		199	69
70			182								70
71	177			185	187		192		197		71
72		180				190		195		200	72
73			183								73
74	178				188		193		198	201	74
75		181		186		191					75
76			184					196			76
77	179			187	189		194				77
78		182				192		197	199	202	78
79			185								79
80											80
81	180				190			198	200	203	81
82		183		188		193	195				82
83			186								83
84							196		201	204	84
85	181			189		194		199			85
86		184									86
87			187				197		202		87
88	182				192	195		200		205	88
89		185		190							89
90			188				198	201	203		90
91	183				193					206	91
92						196					92
93		186		191					204		93
94							199			207	94
95	184				194			202			95
96		187		192		197			205		96
97			190							208	97
98					195			203			98
99	185					198			206	209	99
100		188					201				100
101			191	193				204			101
102						199					102
103	186	189					202		207	210	103
104			192					205			104
105					197	200					105
106	187	190		195			203		208	211	106
107			193					206			107
108					198	201					108
109	188						204		209		109
110		191		196				207		212	110
111			194		199						111
112						202			210		112
113	189			197			205			213	113
114		192			200			208			114
115			195								115
116	190										116
117											117
118											118
119											119
120											120
121											121

13% (63–70% Ausbeute.)

81 Ctr. 4050 kg	82 Ctr. 4100 kg	83 Ctr. 4150 kg	84 Ctr. 4200 kg	85 Ctr. 4250 kg	86 Ctr. 4300 kg	87 Ctr. 4350 kg	88 Ctr. 4400 kg	89 Ctr. 4450 kg	90 Ctr. 4500 kg
181	183	185	187	190	192	194	196	199	201
182	184	186	188	191	193	195	197	200	202
183	185	187	189	192	194	196	198	201	203
184	186	188	190	193	195	197	199	202	204
185	187	189	191	194	196	198	200	203	205
186	188	190	192	195	197	199	201	204	206
187	189	191	193	196	198	200	202	205	207
188	190	192	194	197	199	201	203	206	208
189	191	193	195	198	200	202	204	207	209
190	192	194	196	199	201	203	205	208	210
191	193	195	197	200	202	204	206	209	211
192	194	196	198	201	203	205	207	210	212
193	195	197	199	202	204	206	208	211	213
194	196	198	200	203	205	207	209	212	214
195	197	199	201	204	206	208	210	213	215
196	198	200	202	205	207	209	211	214	216
197	199	201	203	206	208	210	212	215	217
198	200	202	204	207	209	211	213	216	218
199	201	203	205	208	210	212	214	217	219
200	202	204	206	209	211	213	215	218	220
201	203	205	207	210	212	214	216	219	221
202	204	206	208	211	213	215	217	220	222
203	205	207	209	212	214	216	218	221	223
204	206	208	210	213	215	217	219	222	224
205	207	209	211	214	216	218	220	223	225
206	208	210	212	215	217	219	221	224	226
207	209	211	213	216	218	220	222	225	227
208	210	212	214	217	219	221	223	226	228
209	211	213	215	218	220	222	224	227	229
210	212	214	216	219	221	223	225	228	230
211	213	215	217	220	222	224	226	229	231
212	214	216	218	221	223	225	227	230	232
213	215	217	219	222	224	226	228	231	233
214	216	218	220	223	225	227	229	232	234
215	217	219	221	224	226	228	230	233	235
216	218	220	222	225	227	229	231	234	236
	219	221	223	226	228	230	232	235	237
			224	227	229	231	233	236	238
						232	234	237	239
							235		240

13 % (63—70 % Ausbeute.)

91 Ctr. 4550 kg	92 Ctr. 4600 kg	93 Ctr. 4650 kg	94 Ctr. 4700 kg	95 Ctr. 4750 kg	96 Ctr. 4800 kg	97 Ctr. 4850 kg	98 Ctr. 4900 kg	99 Ctr. 4950 kg	100 Ctr. 5000 kg
203	205	208	210	212	214	217	219	221	223
204	206	209	211	213	215	218	220	222	224
205	207	210	212	214	216	219	221	223	225
206	208	211	213	215	217	220	222	224	226
207	209	212	214	216	218	221	223	225	227
208	210	213	215	217	219	222	224	226	228
209	211	214	216	218	220	223	225	227	229
210	212	215	217	219	221	224	226	228	230
211	213	216	218	220	222	225	227	229	231
212	214	217	219	221	223	226	228	230	232
213	215	218	220	222	224	227	229	231	233
214	216	219	221	223	225	228	230	232	234
215	217	220	222	224	226	229	231	233	235
216	218	221	223	225	227	230	232	234	236
217	219	222	224	226	228	231	233	235	237
218	220	223	225	227	229	232	234	236	238
219	221	224	226	228	230	233	235	237	239
220	222	225	227	229	231	234	236	238	240
221	223	226	228	230	232	235	237	239	241
222	224	227	229	231	233	236	238	240	242
223	225	228	230	232	234	237	239	241	243
224	226	229	231	233	235	238	240	242	244
225	227	230	232	234	236	239	241	243	245
226	228	231	233	235	237	240	242	244	246
227	229	232	234	236	238	241	243	245	247
228	230	233	235	237	239	242	244	246	248
229	231	234	236	238	240	243	245	247	249
230	232	235	237	239	241	244	246	248	250
231	233	236	238	240	242	245	247	249	251
232	234	237	239	241	243	246	248	250	252
233	235	238	240	242	244	247	249	251	253
234	236	239	241	243	245	248	250	252	254
235	237	240	242	244	246	249	251	253	255
236	238	241	243	245	247	250	252	254	256
237	239	242	244	246	248	251	253	255	257
238	240	243	245	247	249	252	254	256	258
239	241	244	246	248	250	253	255	257	259
240	242	245	247	249	251	254	256	258	260
241	243	246	248	250	252	255	257	259	261
242	244	247	249	251	253	256	258	260	262
243	245	248	250	252	254	257	259	261	263
			251	253	255	258	260	262	264
				254	256	259	261	263	265
							262	264	266
									267

13.95 – 13.00 % Bllg. 63 – 70 % Ausbeute.

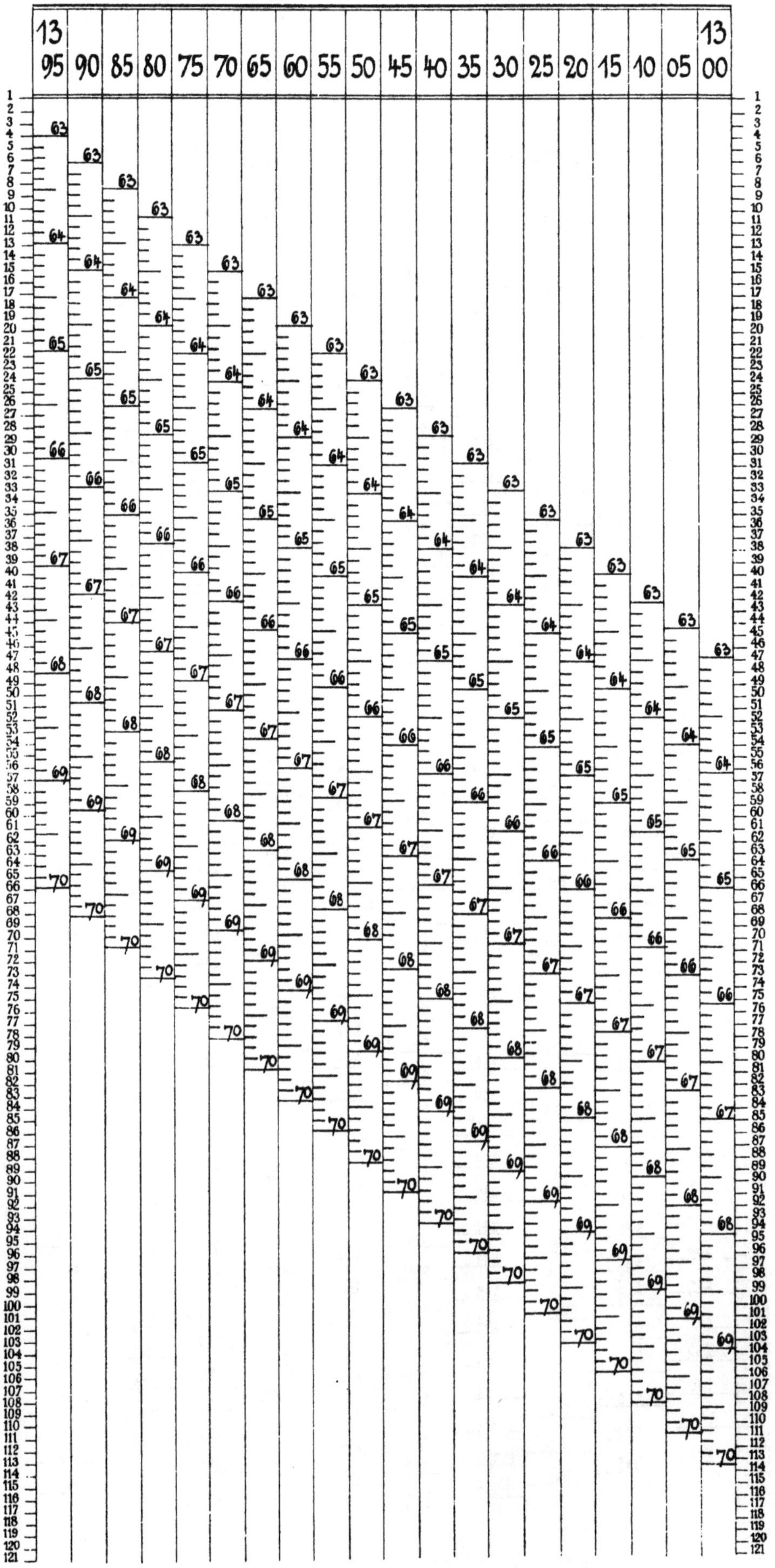
13 95
90
85
80
75
70
65
60
55
50
45
40
35
30
25
20
15
10
05
13 00

13 % (70 – 78 % Ausbeute)

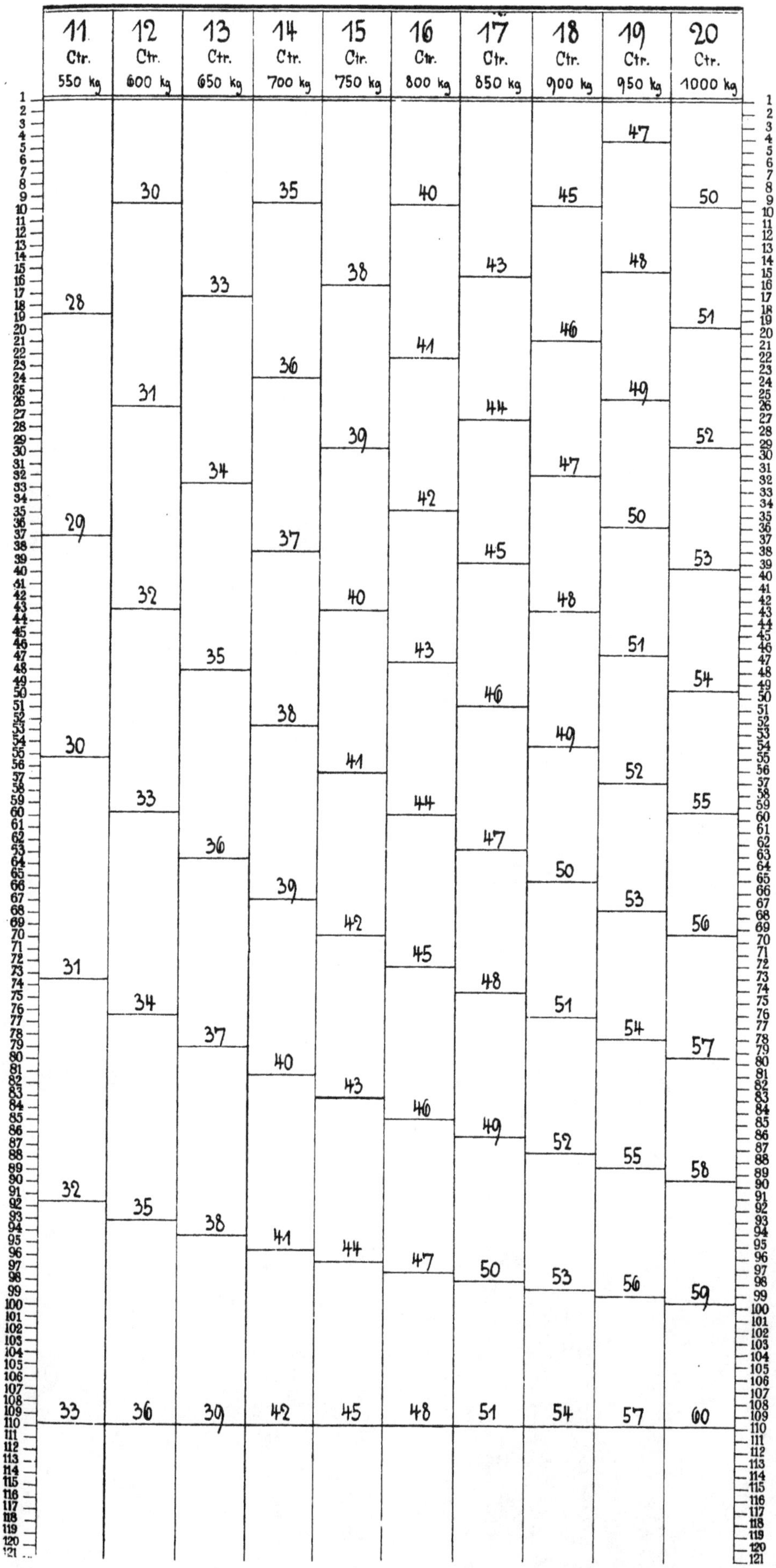
11 Ctr. 550 kg
12 Ctr. 600 kg
13 Ctr. 650 kg
14 Ctr. 700 kg
15 Ctr. 750 kg
16 Ctr. 800 kg
17 Ctr. 850 kg
18 Ctr. 900 kg
19 Ctr. 950 kg
20 Ctr. 1000 kg
28 29 30 31 32 33
30 31 32 33 34 35 36
33 34 35 36 37 38 39
35 36 37 38 39 40 41 42
38 39 40 41 42 43 44 45
40 41 42 43 44 45 46 47 48
43 44 45 46 47 48 49 50 51
45 46 47 48 49 50 51 52 53 54
47 48 49 50 51 52 53 54 55 56 57
50 51 52 53 54 55 56 57 58 59 60

13% (70–78% Ausbeute)

21 Ctr. 1050 kg	22 Ctr. 1100 kg	23 Ctr. 1150 kg	24 Ctr. 1200 kg	25 Ctr. 1250 kg	26 Ctr. 1300 kg	27 Ctr. 1350 kg	28 Ctr. 1400 kg	29 Ctr. 1450 kg	30 Ctr. 1500 kg
52	55	57	60	62	65	67	70	72	75
53	56	58	61	63	66	68	71	73	76
54	57	59	62	64	67	69	72	74	77
55	58	60	63	65	68	70	73	75	78
56	59	61	64	66	69	71	74	76	79
57	60	62	65	67	70	72	75	77	80
58	61	63	66	68	71	73	76	78	81
59	62	64	67	69	72	74	77	79	82
60	63	65	68	70	73	75	78	80	83
61	64	66	69	71	74	76	79	81	84
62	65	67	70	72	75	77	80	82	85
63	66	68	71	73	76	78	81	83	86
		69	72	74	77	79	82	84	87
				75	78	80	83	85	88
						81	84	86	89
								87	90

13 % (70–78 % Ausbeute)

31 Ctr. 1550 kg	32 Ctr. 1600 kg	33 Ctr. 1650 kg	34 Ctr. 1700 kg	35 Ctr. 1750 kg	36 Ctr. 1800 kg	37 Ctr. 1850 kg	38 Ctr. 1900 kg	39 Ctr. 1950 kg	40 Ctr. 2000 kg
77	80	82	85	87	90	92	95	97	99
78	81	83	86	88	91	93	96	98	100
79	82	84	87	89	92	94	97	99	101
80	83	85	88	90	93	95	98	100	102
81	84	86	89	91	94	96	99	101	103
82	85	87	90	92	95	97	100	102	104
83	86	88	91	93	96	98	101	103	105
84	87	89	92	94	97	99	102	104	106
85	88	90	93	95	98	100	103	105	107
86	89	91	94	96	99	101	104	106	108
87	90	92	95	97	100	102	105	107	109
88	91	93	96	98	101	103	106	108	110
89	92	94	97	99	102	104	107	109	111
90	93	95	98	100	103	105	108	110	112
91	94	96	99	101	104	106	109	111	113
92	95	97	100	102	105	107	110	112	114
93	96	98	101	103	106	108	111	113	115
		99	102	104	107	109	112	114	116
				105	108	110	113	115	117
						111	114	116	118
								117	119
									120

13% (70 – 78% Ausbeute)

41 Ctr. 2050 kg	42 Ctr. 2100 kg	43 Ctr. 2150 kg	44 Ctr. 2200 kg	45 Ctr. 2250 kg	46 Ctr. 2300 kg	47 Ctr. 2350 kg	48 Ctr. 2400 kg	49 Ctr. 2450 kg	50 Ctr. 2500 kg
102	104	107	109	112	114	117	119	122	124
103	105	108	110	113	115	118	120	123	125
104	106	109	111	114	116	119	121	124	126
105	107	110	112	115	117	120	122	125	127
106	108	111	113	116	118	121	123	126	128
107	109	112	114	117	119	122	124	127	129
108	110	113	115	118	120	123	125	128	130
109	111	114	116	119	121	124	126	129	131
110	112	115	117	120	122	125	127	130	132
111	113	116	118	121	123	126	128	131	133
112	114	117	119	122	124	127	129	132	134
113	115	118	120	123	125	128	130	133	135
114	116	119	121	124	126	129	131	134	136
115	117	120	122	125	127	130	132	135	137
116	118	121	123	126	128	131	133	136	138
117	119	122	124	127	129	132	134	137	139
118	120	123	125	128	130	133	135	138	140
119	121	124	126	129	131	134	136	139	141
120	122	125	127	130	132	135	137	140	142
121	123	126	128	131	133	136	138	141	143
122	124	127	129	132	134	137	139	142	144
123	125	128	130	133	135	138	140	143	145
	126	129	131	134	136	139	141	144	146
			132	135	137	140	142	145	147
					138	141	143	146	148
							144	147	149
									150

13% (70–78% Ausbeute)

51 Ctr. 2550 kg	52 Ctr. 2600 kg	53 Ctr. 2650 kg	54 Ctr. 2700 kg	55 Ctr. 2750 kg	56 Ctr. 2800 kg	57 Ctr. 2850 kg	58 Ctr. 2900 kg	59 Ctr. 2950 kg	60 Ctr. 3000 kg
								146	149
						141	144	147	150
				136	139	142	145	148	151
		131	134	137	140	143	146	149	152
	129	132	135	138	141	144	147	150	153
127	130	133	136	139	142	145	148	151	154
128	131	134	137	140	143	146	149	152	155
129	132	135	138	141	144	147	150	153	156
130	133	136	139	142	145	148	151	154	157
131	134	137	140	143	146	149	152	155	158
132	135	138	141	144	147	150	153	156	159
133	136	139	142	145	148	151	154	157	160
134	137	140	143	146	149	152	155	158	161
135	138	141	144	147	150	153	156	159	162
136	139	142	145	148	151	154	157	160	163
137	140	143	146	149	152	155	158	161	164
138	141	144	147	150	153	156	159	162	165
139	142	145	148	151	154	157	160	163	166
140	143	146	149	152	155	158	161	164	167
141	144	147	150	153	156	159	162	165	168
142	145	148	151	154	157	160	163	166	169
143	146	149	152	155	158	161	164	167	170
144	147	150	153	156	159	162	165	168	171
145	148	151	154	157	160	163	166	169	172
146	149	152	155	158	161	164	167	170	173
147	150	153	156	159	162	165	168	171	174
148	151	154	157	160	163	166	169	172	175
149	152	155	158	161	164	167	170	173	176
150	153	156	159	162	165	168	171	174	177
151	154	157	160	163	166	169	172	175	178
152	155	158	161	164	167	170	173	176	179
153	156	159	162	165	168	171	174	177	180

13% (70–78% Ausbeute)

61 Ctr. 3050 kg	62 Ctr. 3100 kg	63 Ctr. 3150 kg	64 Ctr. 3200 kg	65 Ctr. 3250 kg	66 Ctr. 3300 kg	67 Ctr. 3350 kg	68 Ctr. 3400 kg	69 Ctr. 3450 kg	70 Ctr. 3500 kg
151	153	156	158	161	163	166	168	171	173
152	154	157	159	162	164	167	169	172	174
153	155	158	160	163	165	168	170	173	175
154	156	159	161	164	166	169	171	174	176
155	157	160	162	165	167	170	172	175	177
156	158	161	163	166	168	171	173	176	178
157	159	162	164	167	169	172	174	177	179
158	160	163	165	168	170	173	175	178	180
159	161	164	166	169	171	174	176	179	181
160	162	165	167	170	172	175	177	180	182
161	163	166	168	171	173	176	178	181	183
162	164	167	169	172	174	177	179	182	184
163	165	168	170	173	175	178	180	183	185
164	166	169	171	174	176	179	181	184	186
165	167	170	172	175	177	180	182	185	187
166	168	171	173	176	178	181	183	186	188
167	169	172	174	177	179	182	184	187	189
168	170	173	175	178	180	183	185	188	190
169	171	174	176	179	181	184	186	189	191
170	172	175	177	180	182	185	187	190	192
171	173	176	178	181	183	186	188	191	193
172	174	177	179	182	184	187	189	192	194
173	175	178	180	183	185	188	190	193	195
174	176	179	181	184	186	189	191	194	196
175	177	180	182	185	187	190	192	195	197
176	178	181	183	186	188	191	193	196	198
177	179	182	184	187	189	192	194	197	199
178	180	183	185	188	190	193	195	198	200
179	181	184	186	189	191	194	196	199	201
180	182	185	187	190	192	195	197	200	202
181	183	186	188	191	193	196	198	201	203
182	184	187	189	192	194	197	199	202	204
183	185	188	190	193	195	198	200	203	205
	186	189	191	194	196	199	201	204	206
			192	195	197	200	202	205	207
					198	201	203	206	208
							204	207	209
									210

13% (70—78% Ausbeute)

	71 Ctr. 3550 kg	72 Ctr. 3600 kg	73 Ctr. 3650 kg	74 Ctr. 3700 kg	75 Ctr. 3750 kg	76 Ctr. 3800 kg	77 Ctr. 3850 kg	78 Ctr. 3900 kg	79 Ctr. 3950 kg	80 Ctr. 4000 kg	
4		178		183		188		193		198	4
5	176		181		186		191		196		5
7	177	179	182	184	187	189		194		199	7
9		180		185		190	192	195	197	200	9
11	178	181	183	186	188	191	193	196	198	201	11
13	179		184		189		194		199	202	13
15		182		187		192		197			15
16	180		185		190		195		200	203	16
18	181	183	186	188	191	193	196	198	201	204	18
21	182	184	187	189	192	194	197	199	202	205	21
24	183	185	188	190	193	195	198	200	203	206	24
26	184	186	189	191	194	196	199	201	204	207	26
28		187	190	192		197	200	202	205	208	28
30	185	188	191	193	195	198	201	203	206	209	30
33	186	189		194	196	199	202	204	207	210	33
35	187	190	192	195	197	200	203	205	208	211	35
38	188	191	193	196	198	201	204	206	209	212	38
41	189	192	194	197	199	202	205	207	210	213	41
44	190	193	195	198	200	203	206	208	211	214	44
46	191		196	199	201	204	207	209	212	215	46
48	192	194	197	200	202	205	208	210	213	216	48
51	193	195	198	201	203	206	209	211	214	217	51
53	194	196	199	202	204	207	210	212	215	218	53
56	195	197	200	203	205	208	211	213	216	219	56
59	196	198	201	204	206	209	212	214	217	220	59
61	197	199	202	205	207	210	213	215	218	221	61
64	198	200	203	206	208	211	214	216	219	222	64
67	199	201	204	207	209	212	215	217	220	223	67
69		202	205	208	210	213	216	218	221	224	69
72	200	203	206	209	211	214	217	219	222	225	72
75	201	204	207	210	212	215	218	220	223	226	75
77	202	205	208	211	213	216	219	221	224	227	77
80	203	206	209	212	214	217	220	222	225	228	80
83	204	207	210	213	215	218	221	223	226	229	83
86	205	208	211	214	216	219	222	224	227	230	86
88	206	209	212	215	217	220	223	225	228	231	88
90	207	210	213	216	218	221	224	226	229	232	90
93	208	211	214	217	219	222	225	227	230	233	93
96	209	212	215	218	220	223	226	228	231	234	96
98	210	213	216	219	221	224	227	229	232	235	98
101	211	214	217	220	222	225	228	230	233	236	101
104	212	215	218	221	223	226	229	231	234	237	104
106	213	216	219	222	224	227	230	232	235	238	106
107								233	236	239	107
109					225	228	231	234	237	240	109

13% (70 — 78% Ausbeute)

	81 Ctr. 4050 kg	82 Ctr. 4100 kg	83 Ctr. 4150 kg	84 Ctr. 4200 kg	85 Ctr. 4250 kg	86 Ctr. 4300 kg	87 Ctr. 4350 kg	88 Ctr. 4400 kg	89 Ctr. 4450 kg	90 Ctr. 4500 kg	
1											1
2											2
3											3
4		203		208		213		218		223	4
5	201		206		211		216		221		5
6		204		209		214		219		224	6
7			207		212		217		222		7
8	202										8
9		205		210		215		220		225	9
10	203		208		213		218		223		10
11		206		211		216		221		226	11
12	204		209		214		219		224		12
13						217		222		227	13
14		207		212			220		225		14
15	205		210		215			223		228	15
16		208		213		218					16
17	206		211		216		221		226		17
18				214		219		224		229	18
19		209	212		217		222		227		19
20	207					220		225		230	20
21		210		215			223		228		21
22	208		213		218			226		231	22
23				216		221	224		229		23
24		211	214		219					232	24
25	209							227	230		25
26		212	215	217	220		225			233	26
27	210					223		228	231		27
28		213		218			226	228		234	28
29			216		221	224		229			29
30	211			219			227		232	235	30
31		214			222	225		230			31
32	212		217						233	236	32
33		215		220	223		228				33
34			218			226		231	234	237	34
35	213			221	224		229				35
36		216	219			227		232	235		36
37	214			222			230			238	37
38		217	220		225			233	236		38
39						228					39
40	215			223	226		231	234	239	239	40
41		218	221			229					41
42	216			224			232			240	42
43		219			227			235	238		43
44			222	225		230	233			241	44
45	217	220			228			236			45
46			223			231			239	242	46
47	218			226			234	237			47
48		221	224		229	232			240		48
49				227			235			243	49
50	219	222			230			238			50
51			225			233	236		241	244	51
52	220			228	231			239	242		52
53		223	226			234				245	53
54	221			229			237	240			54
55		224			232	235			243		55
56			227				238	241		246	56
57	222			230	233				244		57
58		225	228			236	239			247	58
59	223			231	234			242	245		59
60		226				237	240			248	60
61			229	232				243			61
62	224	227			235	238			246	249	62
63			230				241	244			63
64	225	228		233	236	239			247	250	64
65							242	245			65
66				234	237				248		66
67	226	229	231			240	243	246		251	67
68				235					249		68
69					238	241	244			252	69
70	227	230	233					247			70
71				236	239				250	253	71
72	228	231	234			242	245	248			72
73				237					251	254	73
74	229				240	243	246	249			74
75		232	235						252	255	75
76				238	241	244					76
77	230	233	236				247	250	253		77
78				239	242					256	78
79	231	234				245	248	251			79
80			237	240					254	257	80
81					243	246	249	252			81
82	232	235	238						255	258	82
83				241	244	247					83
84	233	236					250	253	256	259	84
85			239	242	245						85
86						248	251	254	257		86
87	234	237	240							260	87
88				243	246	249	252	255			88
89	235	238							258	261	89
90			241	244	247	250		256			90
91							253		259	262	91
92	236	239	242	245	248						92
93						251	254	257	260	263	93
94	237	240	243								94
95				246	249	252	255	258	261		95
96										264	96
97	238	241	244	247	250	253		259			97
98							256		262	265	98
99	239	242	245	248	251						99
100						254	257	260	263	266	100
101	240	243									101
102			246	249	252	255	258	261	264	267	102
103											103
104	241	244	247	250	253	256	259	262	265	268	104
105											105
106	242	245						263			106
107			248	251	254	257	260		266	269	107
108											108
109	243	246	249	252	255	258	261	264	267	270	109
110											110
111											111
112											112
113											113
114											114
115											115
116											116
117											117
118											118
119											119
120											120
121											121

13% (70—78% Ausbeute)

#	91 Ctr. 4550 kg	92 Ctr. 4600 kg	93 Ctr. 4650 kg	94 Ctr. 4700 kg	95 Ctr. 4750 kg	96 Ctr. 4800 kg	97 Ctr. 4850 kg	98 Ctr. 4900 kg	99 Ctr. 4950 kg	100 Ctr. 5000 kg	#
1											1
2											2
3										247	3
4	225		230		235		240		245		4
5		228		233		238		243		248	5
6	226		231		236		241		246		6
7		229		234		239		244		249	7
8	227		232		237		242		247		8
9		230		235		240		245		250	9
10			233				243		248		10
11	228			236	238	241		246		251	11
12		231					244		249		12
13	229		234	237	239	242		247		252	13
14		232							250		14
15	230		235		240	243	245	248		253	15
16		233		238					251		16
17	231		236		241	244	246	249		254	17
18		234		239					252		18
19	232		237		242	245	247	250		255	19
20		235		240					253		20
21			238		243	246		251		256	21
22	233	236		241			248		254		22
23			239		244	247		252		257	23
24	234	237		242			249		255		24
25					245		250	253		258	25
26	235		240	243		248			256		26
27		238			246		251	254		259	27
28	236		241	244		249			257		28
29		239			247		252	255		260	29
30	237		242	245		250			258		30
31		240					253	256		261	31
32	238		243	246	248	251			259		32
33		241					254	257		262	33
34			244		249				260		34
35	239	242		247		252	255	258		263	35
36			245		250				261		36
37	240	243		248		253	256	259		264	37
38			246		251				262		38
39	241			249		254	257	260		265	39
40		244			252				263		40
41	242		247	250		255	258	261		266	41
42		245			253				264		42
43	243		248	251		256	259	262		267	43
44		246			254				265		44
45			249	252		257	260	263		268	45
46	244	247			255				266		46
47			250	253		258	261	264		269	47
48	245	248			256				267		48
49			251	254		259	262	265		270	49
50	246				257				268		50
51		249	252	255		260	263	266		271	51
52	247								269		52
53		250	253	256	258	261		267		272	53
54	248						264		270		54
55		251		257	259	262		268		273	55
56			254				265				56
57	249	252		258	260	263		269	271	274	57
58			255				266				58
59	250	253		259	261	264		270	272	275	59
60			256				267				60
61	251	254		260	262	265		271	273	276	61
62			257				268				62
63	252			261	263	266		272	274	277	63
64		255	258				269				64
65	253			262	264	267		273	275	278	65
66		256	259				270				66
67					265	268			276	279	67
68	254	257	260	263			271	274			68
69					266	269			277	280	69
70	255	258		264			272	275			70
71			261		267	270			278	281	71
72	256	259		265			273	276			72
73			262			271				282	73
74	257			266	268		274	277	279		74
75		260	263			272				283	75
76	258			267	269		275	278			76
77		261	264			273			281	284	77
78	259			268	270		276	279			78
79		262	265			274			282	285	79
80	260			269	271		277	280			80
81		263	266			275			283	286	81
82	261			272			278	281			82
83		264	267		272				284	287	83
84	262			270		276	279	282			84
85					273				285	288	85
86	263	265	268	271		277	280	283			86
87					274				286	289	87
88		266	269	272		278	281	284			88
89					275				287	290	89
90	264	267	270	273		279	282	285			90
91					276				288	291	91
92	265	268	271	274		280		286			92
93					277		283		289	292	93
94	266	269	272	275		281		287			94
95					278		284		290	293	95
96	267		273	276		282		288			96
97		270			279		285		291	294	97
98	268		274	277		283		289			98
99		271			280		286		292	295	99
100			275	278		284		290			100
101	269	272			281		287		293	296	101
102						285		291			102
103	270	273	276	279	282		288		294	297	103
104						286		292			104
105	271	274	277	280	283		289		295	298	105
106								293			106
107	272		278	281	284	287	290		296	299	107
108		275									108
109	273	276	279	282	285	288	291	294	297	300	109
110											110
111											111
112											112
113											113
114											114
115											115
116											116
117											117
118											118
119											119
120											120
121											121

13.95 – 13.00 % Bllg. 70 – 78 % Ausbeute.

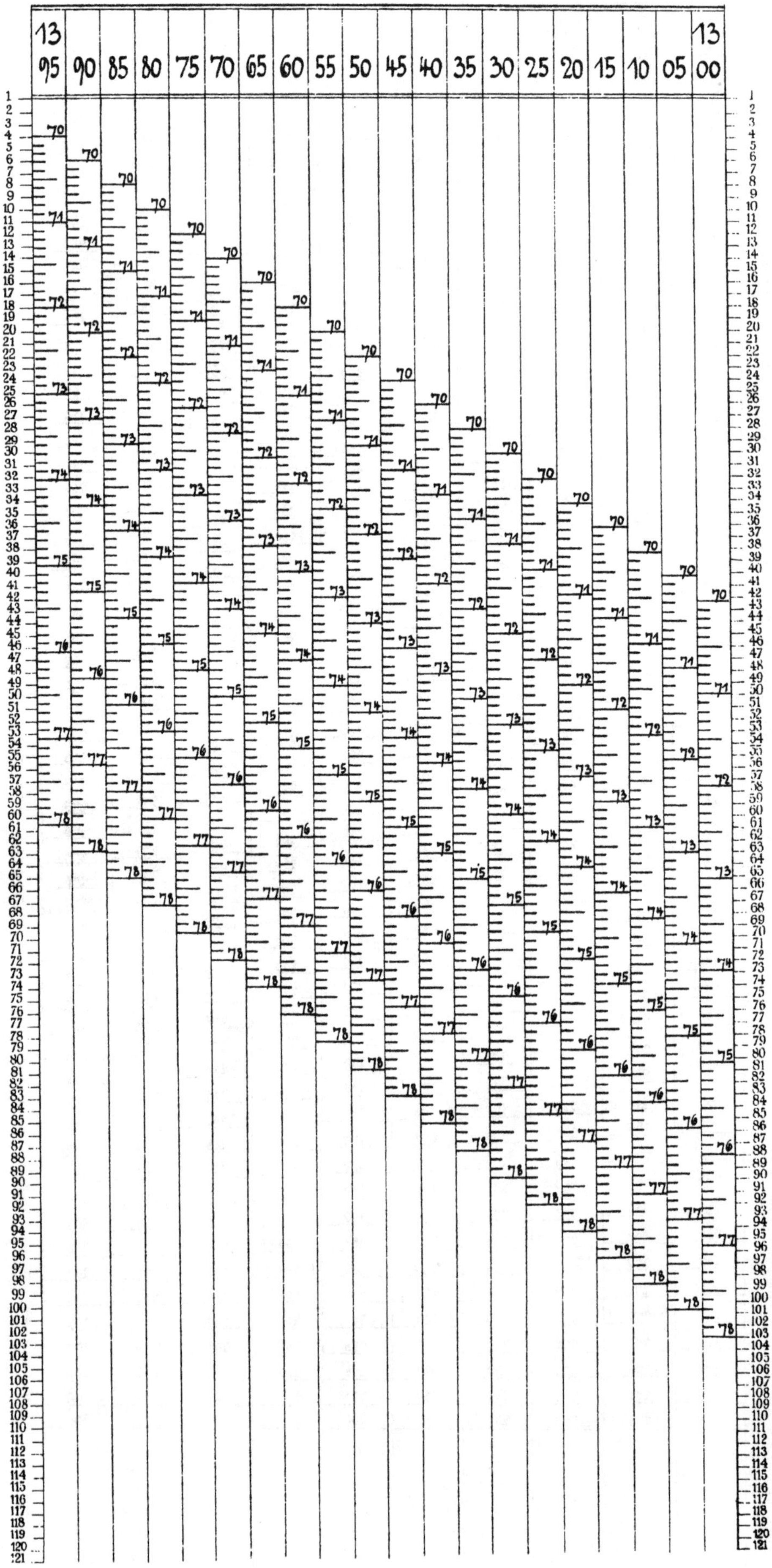
13 95
90
85
80
75
70
65
60
55
50
45
40
35
30
25
20
15
10
05
13 00

12 % (63–70% Ausbeute)

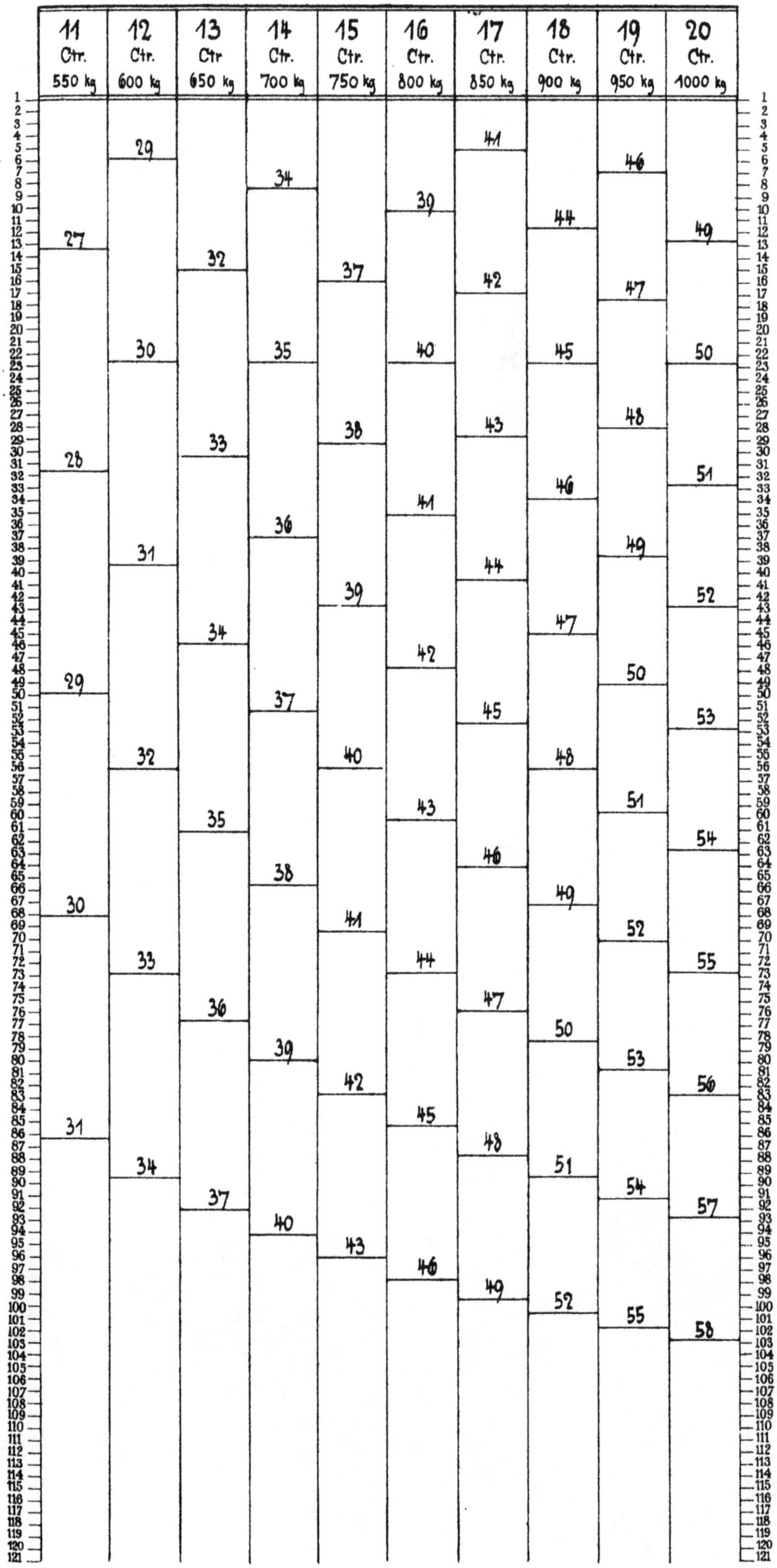
11 Ctr. 550 kg
27
28
29
30
31
12 Ctr. 600 kg
29
30
31
32
33
34
13 Ctr 650 kg
32
33
34
35
36
37
14 Ctr. 700 kg
34
35
36
37
38
39
40
15 Ctr. 750 kg
37
38
39
40
41
42
43
16 Ctr. 800 kg
39
40
41
42
43
44
45
46
17 Ctr. 850 kg
41
42
43
44
45
46
47
48
49
18 Ctr. 900 kg
44
45
46
47
48
49
50
51
52
19 Ctr. 950 kg
46
47
48
49
50
51
52
53
54
55
20 Ctr. 1000 kg
49
50
51
52
53
54
55
56
57
58

12 % (63 – 70 % Ausbeute)

21 Ctr. 1050 kg	22 Ctr. 1100 kg	23 Ctr. 1150 kg	24 Ctr. 1200 kg	25 Ctr. 1250 kg	26 Ctr. 1300 kg	27 Ctr. 1350 kg	28 Ctr. 1400 kg	29 Ctr. 1450 kg	30 Ctr. 1500 kg
51	53	56	58	61	63	65	68	70	73
52	54	57	59	62	64	66	69	71	74
53	55	58	60	63	65	67	70	72	75
54	56	59	61	64	66	68	71	73	76
55	57	60	62	65	67	69	72	74	77
56	58	61	63	66	68	70	73	75	78
57	59	62	64	67	69	71	74	76	79
58	60	63	65	68	70	72	75	77	80
59	61	64	66	69	71	73	76	78	81
60	62	65	67	70	72	74	77	79	82
61	63	66	68	71	73	75	78	80	83
			69	72	74	76	79	81	84
					75	77	80	82	85
						78	81	83	86
								84	87

12 % (63 – 70 % Ausbeute)

31 Ctr. 1550 kg	32 Ctr. 1600 kg	33 Ctr. 1650 kg	34 Ctr. 1700 kg	35 Ctr. 1750 kg	36 Ctr. 1800 kg	37 Ctr. 1850 kg	38 Ctr. 1900 kg	39 Ctr. 1950 kg	40 Ctr. 2000 kg
75	77	80	82	85	87	89	92	94	97
76	78	81	83	86	88	90	93	95	98
77	79	82	84	87	89	91	94	96	99
78	80	83	85	88	90	92	95	97	100
79	81	84	86	89	91	93	96	98	101
80	82	85	87	90	92	94	97	99	102
81	83	86	88	91	93	95	98	100	103
82	84	87	89	92	94	96	99	101	104
83	85	88	90	93	95	97	100	102	105
84	86	89	91	94	96	98	101	103	106
85	87	90	92	95	97	99	102	104	107
86	88	91	93	96	98	100	103	105	108
87	89	92	94	97	99	101	104	106	109
88	90	93	95	98	100	102	105	107	110
89	91	94	96	99	101	103	106	108	111
90	92	95	97	100	102	104	107	109	112
			98	101	103	105	108	110	113
					104	106	109	111	114
						107	110	112	115
								113	116

12 % (63 – 70 % Ausbeute)

41 Ctr. 2050 kg	42 Ctr. 2100 kg	43 Ctr. 2150 kg	44 Ctr. 2200 kg	45 Ctr. 2250 kg	46 Ctr. 2300 kg	47 Ctr. 2350 kg	48 Ctr. 2400 kg	49 Ctr. 2450 kg	50 Ctr. 2500 kg
99	102	104	106	109	111	113	116	118	121
100	103	105	107	110	112	114	117	119	122
101	104	106	108	111	113	115	118	120	123
102	105	107	109	112	114	116	119	121	124
103	106	108	110	113	115	117	120	122	125
104	107	109	111	114	116	118	121	123	126
105	108	110	112	115	117	119	122	124	127
106	109	111	113	116	118	120	123	125	128
107	110	112	114	117	119	121	124	126	129
108	111	113	115	118	120	122	125	127	130
109	112	114	116	119	121	123	126	128	131
110	113	115	117	120	122	124	127	129	132
111	114	116	118	121	123	125	128	130	133
112	115	117	119	122	124	126	129	131	134
113	116	118	120	123	125	127	130	132	135
114	117	119	121	124	126	128	131	133	136
115	118	120	122	125	127	129	132	134	137
116	119	121	123	126	128	130	133	135	138
117	120	122	124	127	129	131	134	136	139
118	121	123	125	128	130	132	135	137	140
		124	126	129	131	133	136	138	141
			127	130	132	134	137	139	142
					133	135	138	140	143
						136	139	141	144
								142	145

12 % (63—70 % Ausbeute)

51 Ctr. 2550 kg	52 Ctr. 2600 kg	53 Ctr. 2650 kg.	54 Ctr. 2700 kg	55 Ctr. 2750 kg	56 Ctr. 2800 kg	57 Ctr. 2850 kg	58 Ctr. 2900 kg	59 Ctr. 2950 kg	60 Ctr. 3000 kg
123	126	128	130	132	135	138	140	142	145
124	127	129	131	133	136	139	141	143	146
125	128	130	132	134	137	140	142	144	147
126	129	131	133	135	138	141	143	145	148
127	130	132	134	136	139	142	144	146	149
128	131	133	135	137	140	143	145	147	150
129	132	134	136	138	141	144	146	148	151
130	133	135	137	139	142	145	147	149	152
131	134	136	138	140	143	146	148	150	153
132	135	137	139	141	144	147	149	151	154
133	136	138	140	142	145	148	150	152	155
134	137	139	141	143	146	149	151	153	156
135	138	140	142	144	147	150	152	154	157
136	139	141	143	145	148	151	153	155	158
137	140	142	144	146	149	152	154	156	159
138	141	143	145	147	150	153	155	157	160
139	142	144	146	148	151	154	156	158	161
140	143	145	147	149	152	155	157	159	162
141	144	146	148	150	153	156	158	160	163
142	145	147	149	151	154	157	159	161	164
143	146	148	150	152	155	158	160	162	165
144	147	149	151	153	156	159	161	163	166
145	148	150	152	154	157	160	162	164	167
146	149	151	153	155	158	161	163	165	168
147	150	152	154	156	159	162	164	166	169
148		153	155	157	160	163	165	167	170
			156	158	161	164	166	168	171
				159	162	165	167	169	172
							168	170	173

12 % (63—70 % Ausbeute)

#	61 Ctr. 3050 kg	62 Ctr. 3100 kg	63 Ctr. 3150 kg	64 Ctr. 3200 kg	65 Ctr. 3250 kg	66 Ctr. 3300 kg	67 Ctr. 3350 kg	68 Ctr. 3400 kg	69 Ctr. 3450 kg	70 Ctr. 3500 kg	#
1											1
2											2
3					156						3
4	147	149		154			161		166		4
5			152			159		164		169	5
6					157						6
7	148	150		155			162		167		7
8			153			160		165		170	8
9					158						9
10		151		156			163		168		10
11	149		154			161		166		171	11
12					159						12
13				157			164		169		13
14	150	152				162		167		172	14
15			155		160				170		15
16				158			165			173	16
17	151	153				163		168			17
18			156		161				171		18
19				159			166			174	19
20		154				164		169			20
21	152		157		162				172		21
22				160			167			175	22
23		155				165		170			23
24	153		158		163				173		24
25				161			168	171		176	25
26		156				166					26
27	154		159		164				174		27
28				162			169	172		177	28
29						167					29
30	155	157	160		165		170		175		30
31				163				173		178	31
32						168					32
33		158			166		171		176		33
34	156		161	164		169		174		179	34
35									177		35
36		159			167		172			180	36
37	157		162	165				175			37
38						170			178		38
39		160			168		173			181	39
40	158		163					176			40
41				166		171			179		41
42		161			169		174			182	42
43			164					177			43
44	159			167		172			180		44
45					170		175			183	45
46		162	165					178			46
47	160			168		173			181		47
48					171		176			184	48
49		163	166					179			49
50	161			169		174			182		50
51					172		177			185	51
52		164	167					180	183		52
53				170		175				186	53
54	162				173		178	181			54
55		165							184		55
56			168	171		176				187	56
57	163				174		179	182			57
58		166							185		58
59			169	172		177				188	59
60	164				175		180	183			60
61									186		61
62		167	170	173		178				189	62
63	165						181	184			63
64					176				187		64
65		168	171	174		179				190	65
66	166						182	185			66
67					177				188		67
68		169	172	175		180				191	68
69	167						183	186			69
70					178				189		70
71		170		176		181				192	71
72	168		173				184	187	190		72
73					179					193	73
74		171		177		182					74
75				177			185	188	191		75
76					180					194	76
77	169					183					77
78		172	175				186	189	192		78
79					181					195	79
80	170					184	187				80
81		173	176	178				190	193		81
82					182					196	82
83	171					185		191			83
84		174	177				188		194		84
85				180	183					197	85
86	172					186		192			86
87		175	178						195		87
88				181	184					198	88
89	173					187	190	193			89
90		176	179						196		90
91				182	185					199	91
92						188	191	194	197		92
93	174									200	93
94		177	180	183	186						94
95						189	192	195	198		95
96										201	96
97	175	178	181	184	187						97
98						190	193	196	199		98
99										202	99
100	176	179	182	185	188						100
101						191	194	197	200		101
102										203	102
103											103
104											104
105											105
106											106
107											107
108											108
109											109
110											110
111											111
112											112
113											113
114											114
115											115
116											116
117											117
118											118
119											119
120											120
121											121

12 % (63—70 % Ausbeute)

71 Ctr. 3550 kg	72 Ctr. 3600 kg	73 Ctr. 3650 kg	74 Ctr. 3700 kg	75 Ctr. 3750 kg	76 Ctr. 3800 kg	77 Ctr. 3850 kg	78 Ctr. 3900 kg	79 Ctr. 3950 kg	80 Ctr. 4000 kg
171	173	176	178	180	183	185	188	190	193
172	174	177	179	181	184	186	189	191	194
173	175	178	180	182	185	187	190	192	195
174	176	179	181	183	186	188	191	193	196
175	177	180	182	184	187	189	192	194	197
176	178	181	183	185	188	190	193	195	198
177	179	182	184	186	189	191	194	196	199
178	180	183	185	187	190	192	195	197	200
179	181	184	186	188	191	193	196	198	201
180	182	185	187	189	192	194	197	199	202
181	183	186	188	190	193	195	198	200	203
182	184	187	189	191	194	196	199	201	204
183	185	188	190	192	195	197	200	202	205
184	186	189	191	193	196	198	201	203	206
185	187	190	192	194	197	199	202	204	207
186	188	191	193	195	198	200	203	205	208
187	189	192	194	196	199	201	204	206	209
188	190	193	195	197	200	202	205	207	210
189	191	194	196	198	201	203	206	208	211
190	192	195	197	199	202	204	207	209	212
191	193	196	198	200	203	205	208	210	213
192	194	197	199	201	204	206	209	211	214
193	195	198	200	202	205	207	210	212	215
194	196	199	201	203	206	208	211	213	216
195	197	200	202	204	207	209	212	214	217
196	198	201	203	205	208	210	213	215	218
197	199	202	204	206	209	211	214	216	219
198	200	203	205	207	210	212	215	217	220
199	201	204	206	208	211	213	216	218	221
200	202	205	207	209	212	214	217	219	222
201	203	206	208	210	213	215	218	220	223
202	204	207	209	211	214	216	219	221	224
203	205	208	210	212	215	217	220	222	225
204	206	209	211	213	216	218	221	223	226
205	207	210	212	214	217	219	222	224	227
	208	211	213	215	218	220	223	225	228
			214	216	219	221	224	226	229
				217	220	222	225	227	230
						223	226	228	231
								229	232

12% (63–70% Ausbeute)

81 Ctr. 4050 kg	82 Ctr. 4100 kg	83 Ctr. 4150 kg	84 Ctr. 4200 kg	85 Ctr. 4250 kg	86 Ctr. 4300 kg	87 Ctr. 4350 kg	88 Ctr. 4400 kg	89 Ctr. 4450 kg	90 Ctr. 4500 kg
195	197	200	202	205	207	209	212	214	217
196	198	201	203	206	208	210	213	215	218
197	199	202	204	207	209	211	214	216	219
198	200	203	205	208	210	212	215	217	220
199	201	204	206	209	211	213	216	218	221
200	202	205	207	210	212	214	217	219	222
201	203	206	208	211	213	215	218	220	223
202	204	207	209	212	214	216	219	221	224
203	205	208	210	213	215	217	220	222	225
204	206	209	211	214	216	218	221	223	226
205	207	210	212	215	217	219	222	224	227
206	208	211	213	216	218	220	223	225	228
207	209	212	214	217	219	221	224	226	229
208	210	213	215	218	220	222	225	227	230
209	211	214	216	219	221	223	226	228	231
210	212	215	217	220	222	224	227	229	232
211	213	216	218	221	223	225	228	230	233
212	214	217	219	222	224	226	229	231	234
213	215	218	220	223	225	227	230	232	235
214	216	219	221	224	226	228	231	233	236
215	217	220	222	225	227	229	232	234	237
216	218	221	223	226	228	230	233	235	238
217	219	222	224	227	229	231	234	236	239
218	220	223	225	228	230	232	235	237	240
219	221	224	226	229	231	233	236	238	241
220	222	225	227	230	232	234	237	239	242
221	223	226	228	231	233	235	238	240	243
222	224	227	229	232	234	236	239	241	244
223	225	228	230	233	235	237	240	242	245
224	226	229	231	234	236	238	241	243	246
225	227	230	232	235	237	239	242	244	247
226	228	231	233	236	238	240	243	245	248
227	229	232	234	237	239	241	244	246	249
228	230	233	235	238	240	242	245	247	250
229	231	234	236	239	241	243	246	248	251
230	232	235	237	240	242	244	247	249	252
231	233	236	238	241	243	245	248	250	253
232	234	237	239	242	244	246	249	251	254
233	235	238	240	243	245	247	250	252	255
234	236	239	241	244	246	248	251	253	256
	237	240	242	245	247	249	252	254	257
			243	246	248	250	253	255	258
					249	251	254	256	259
						252	255	257	260
								258	261

12 % (63—70 % Ausbeute)

#	91 Ctr. 4550 kg	92 Ctr. 4600 kg	93 Ctr. 4650 kg	94 Ctr. 4700 kg	95 Ctr. 4750 kg	96 Ctr. 4800 kg	97 Ctr. 4850 kg	98 Ctr. 4900 kg	99 Ctr. 4950 kg	100 Ctr. 5000 kg	#
1											1
2											2
3											3
4	219		224		229	231	233	236	238		4
5		222		227						241	5
6	220		225		230	232	234	237	239		6
7		223								242	7
8	221		226	228	231	233	235	238	240	243	8
9		224									9
10	222		227	229	232	234	236	239	241	244	10
11		225									11
12	223		228			235	237	240	242	245	12
13		226		230	233						13
14	224		229			236	238	241	243	246	14
15		227		231	234						15
16	225					237	239	242	244	247	16
17		228	230	232	235						17
18	226					238	240	243	245	248	18
19			231	233	236						19
20		229				239	241	244	246	249	20
21	227		232	234	237						21
22		230				240	242	245	247	250	22
23	228		233	235	238						23
24		231				241	243	246	248	251	24
25	229		234	236	239						25
26		232					244	247	249	252	26
27	230		235			242					27
28		233		237	240		245	248	250	253	28
29			236			243					29
30	231			238	241		246	249		254	30
31		234				244			251		31
32	232		237	239	242		247	250		255	32
33		235				245			252		33
34	233		238	240	243		248	251		256	34
35		236				246			253		35
36			239	241	244		249	252		257	36
37	234	237				247			254		37
38			240	242	245		250	253		258	38
39	235	238				248			255		39
40			241	243	246		251	254		259	40
41	236	239				249			256		41
42			242	244	247			255		260	42
43	237	240				250	252		257		43
44			243	245	248			256		261	44
45	238					251	253		258		45
46		241			249			257		262	46
47	239		244	246		252	254		259		47
48		242			250			258		263	48
49			245	247		253	255		260		49
50	240	243			251			259		264	50
51			246	248		254	256		261		51
52	241	244			252			260		265	52
53			247	249		255	257		262		53
54	242	245			253			261		266	54
55			248	250		256	258		263		55
56	243				254			262		267	56
57		246	249	251		257	259		264		57
58	244				255			263		268	58
59		247		252		258	260		265		59
60			250		256			264		269	60
61	245	248		253		259	261		266		61
62			251			260		265		270	62
63	246	249			257		262		267		63
64			252	254		261		266		271	64
65	247	250			258		263		268		65
66			253	255		262		267		272	66
67	248				259		264		269		67
68		251	254	256		263		268		273	68
69					260		265		270		69
70	249	252	255	257		264			271	274	70
71							266	269			71
72	250	253		258	261	265				275	72
73			256				267	270	272		73
74	251	254		259	262	266				276	74
75			257				268	271	273		75
76	252	255		260	263	267				277	76
77			258				269	272	274		77
78	253	256		261	264		270	273	275	278	78
79			259								79
80	254			262	265	268			276	279	80
81		257	260				271	274			81
82	255			263	266	269				280	82
83		258	261				272	275	277		83
84	256			264	267	270				281	84
85		259	262				273	276	278		85
86				265	268	271				282	86
87	257	260	263				274	277	279		87
88	258			266	269	272				283	88
89		261	264	267			275	278	280		89
90					270	273				284	90
91	259	262	265	268			276	279	281		91
92					271	274				285	92
93	260	263	266	269	272	275	277	280	282	286	93
94											94
95	261	264	267	270	273	276	278	281	283	287	95
96											96
97	262	265	268	271	274	277	279	282	284	288	97
98											98
99	263	266	269	272	275	278	280	283	285	289	99
100									286		100
101							281	284	287	290	101
102											102
103											103
104											104
105											105
106											106
107											107
108											108
109											109
110											110
111											111
112											112
113											113
114											114
115											115
116											116
117											117
118											118
119											119
120											120
121											121

12.95 – 12.00 % Bllg. 63–70% Ausbeute.

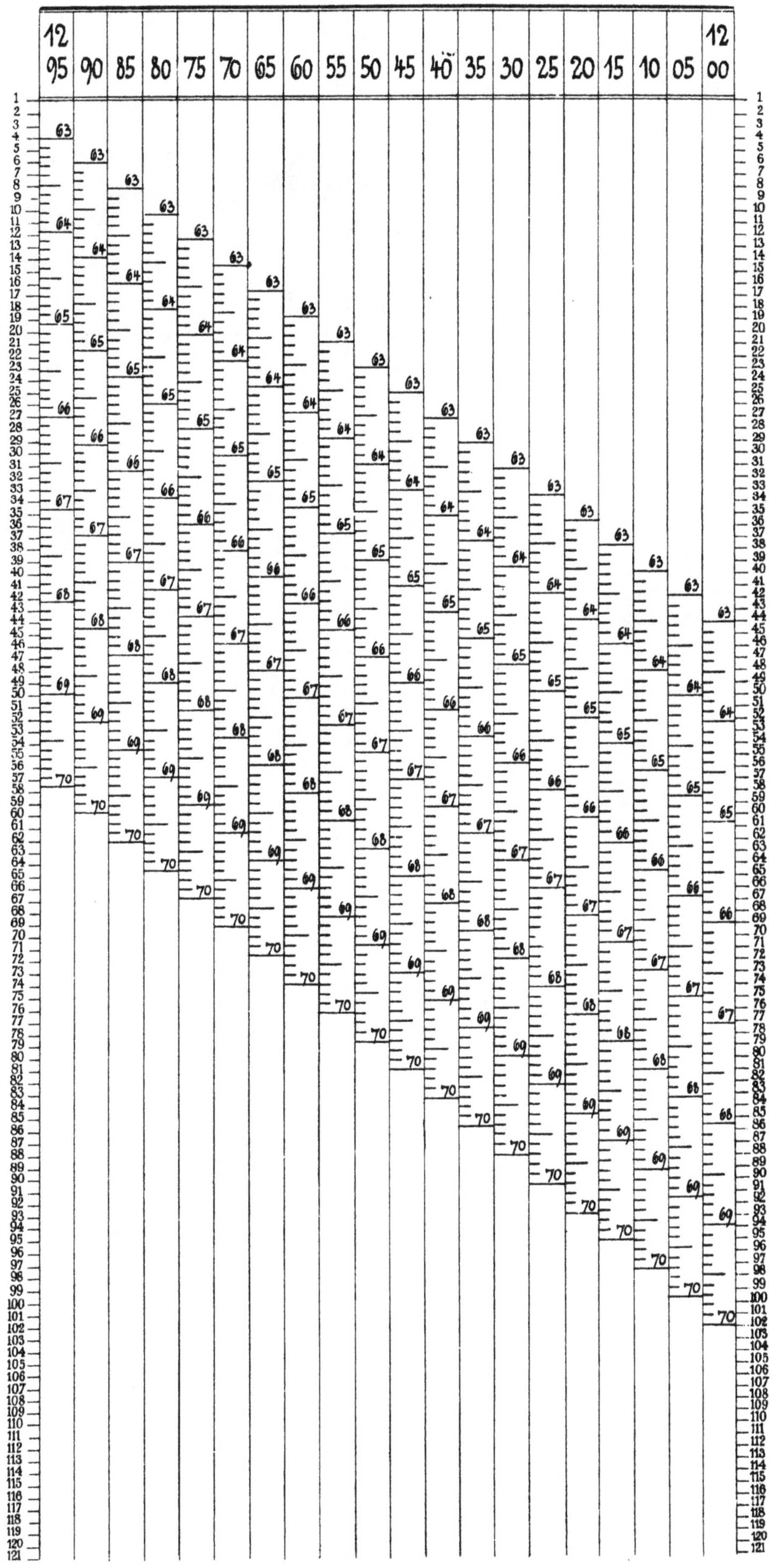
12 95
90
85
80
75
70
65
60
55
50
45
40
35
30
25
20
15
10
05
12 00

12% (70–78% Ausbeute)

11 Ctr. 550 kg	12 Ctr. 600 kg	13 Ctr. 650 kg	14 Ctr. 700 kg	15 Ctr. 750 kg	16 Ctr. 800 kg	17 Ctr. 850 kg	18 Ctr. 900 kg	19 Ctr. 950 kg	20 Ctr. 1000 kg
30	33	35	38	41	43	46	49	51	54
31	34	36	39	42	44	47	50	52	55
32	35	37	40	43	45	48	51	53	56
33	36	38	41	44	46	49	52	54	57
34	37	39	42	45	47	50	53	55	58
35	38	40	43	46	48	51	54	56	59
	39	41	44	47	49	52	55	57	60
		42	45	48	50	53	56	58	61
					51	54	57	59	62
					52	55	58	60	63
								61	64
									65

12% (70–78% Ausbeute)

21 Ctr. 1050 kg	22 Ctr. 1100 kg	23 Ctr. 1150 kg	24 Ctr. 1200 kg	25 Ctr. 1250 kg	26 Ctr. 1300 kg	27 Ctr. 1350 kg	28 Ctr. 1400 kg	29 Ctr. 1450 kg	30 Ctr. 1500 kg
57	59	62	65	67	70	73	75	78	81
58	60	63	66	68	71	74	76	79	82
59	61	64	67	69	72	75	77	80	83
60	62	65	68	70	73	76	78	81	84
61	63	66	69	71	74	77	79	82	85
62	64	67	70	72	75	78	80	83	86
63	65	68	71	73	76	79	81	84	87
64	66	69	72	74	77	80	82	85	88
65	67	70	73	75	78	81	83	86	89
66	68	71	74	76	79	82	84	87	90
67	69	72	75	77	80	83	85	88	91
68	70	73	76	78	81	84	86	89	92
	71	74	77	79	82	85	87	90	93
				80	83	86	88	91	94
				81	84	87	89	92	95
							90	93	96
								94	97

12% (70—78% Ausbeute)

Zeile	31 Ctr. 1550 kg	32 Ctr. 1600 kg	33 Ctr. 1650 kg	34 Ctr. 1700 kg	35 Ctr. 1750 kg	36 Ctr. 1800 kg	37 Ctr. 1850 kg	38 Ctr. 1900 kg	39 Ctr. 1950 kg	40 Ctr. 2000 kg
2						96				
3	83			91						107
4							99			
5		86						102		
6					94				105	
7						97				
8			89							108
9				92			100			
10	84									
11								103		
12		87			95				106	
13						98				109
14			90				101			
15				93						
16								104		
17	85				96				107	
18		88				99				110
19							102			
20			91							
21				94				105		
22									108	
23	86				97					111
24		89				100	103			
26			92					106		
27				95					109	
28										112
29	87				98	101				
30							104			
31		90						107		
32			93						110	
33				96						113
34					99					
35						102				
36	88						105	108		
37		91							111	
38			94							114
39				97						
40					100					
41						103				
42							106	109		
43	89	92	95						112	115
45				98						
46					101	104				
47							107	110		
48									113	116
49	90									
50		93	96							
51				99						
52					102	105	108			
53								111	114	117
56	91									
57		94	97	100	103	106	109			
58								112	115	118
62	92	95	98	101	104	107	110			
63								113	116	119
68	93	96	99	102	105	108	111	114	117	120
74	94	97	100	103	106	109	112	115	118	121
79								116		122
80					107	110	113		119	
81	95	98	101	104						
84							114	117	120	123
85						111				
86				105	108					
87			102							
88	96	99								
89							115	118	121	124
91						112				
92					109					
93			103	106						
94	97	100							122	125
95							116	119		
97					110	113				
98				107						
99			104						123	126
100								120		
101	98	101					117			
102						114				
103					111					
104			105	108					124	127
105								121		
107	99	102								
108					112	115				
109				109					125	128
110			106					122		
112							119			
113		103								
114	100				113	116			126	129
116				110				123		
117			107				120			
118		104								130

12% (70—78% Ausbeute)

41 Ctr. 2050 kg	42 Ctr. 2100 kg	43 Ctr. 2150 kg	44 Ctr. 2200 kg	45 Ctr. 2250 kg	46 Ctr. 2300 kg	47 Ctr. 2350 kg	48 Ctr. 2400 kg	49 Ctr. 2450 kg	50 Ctr. 2500 kg
110	112	115	118	121	123	126	129	131	134
111	113	116	119	122	124	127	130	132	135
112	114	117	120	123	125	128	131	133	136
113	115	118	121	124	126	129	132	134	137
114	116	119	122	125	127	130	133	135	138
115	117	120	123	126	128	131	134	136	139
116	118	121	124	127	129	132	135	137	140
117	119	122	125	128	130	133	136	138	141
118	120	123	126	129	131	134	137	139	142
119	121	124	127	130	132	135	138	140	143
120	122	125	128	131	133	136	139	141	144
121	123	126	129	132	134	137	140	142	145
122	124	127	130	133	135	138	141	143	146
123	125	128	131	134	136	139	142	144	147
124	126	129	132	135	137	140	143	145	148
125	127	130	133	136	138	141	144	146	149
126	128	131	134	137	139	142	145	147	150
127	129	132	135	138	140	143	146	148	151
128	130	133	136	139	141	144	147	149	152
129	131	134	137	140	142	145	148	150	153
130	132	135	138	141	143	146	149	151	154
131	133	136	139	142	144	147	150	152	155
132	134	137	140	143	145	148	151	153	156
133	135	138	141	144	146	149	152	154	157
	136	139	142	145	147	150	153	155	158
					148	151	154	156	159
					149	152	155	157	160
								158	161
								159	162

12% (70–78% Ausbeute)

51 Ctr. 2550 kg	52 Ctr. 2600 kg	53 Ctr. 2650 kg	54 Ctr. 2700 kg	55 Ctr. 2750 kg	56 Ctr 2800 kg	57 Ctr. 2850 kg	58 Ctr. 2900 kg	59 Ctr. 2950 kg	60 Ctr. 3000 kg
137	139	142	145	148	150	153	156	158	161
138	140	143	146	149	151	154	157	159	162
139	141	144	147	150	152	155	158	160	163
140	142	145	148	151	153	156	159	161	164
141	143	146	149	152	154	157	160	162	165
142	144	147	150	153	155	158	161	163	166
143	145	148	151	154	156	159	162	164	167
144	146	149	152	155	157	160	163	165	168
145	147	150	153	156	158	161	164	166	169
146	148	151	154	157	159	162	165	167	170
147	149	152	155	158	160	163	166	168	171
148	150	153	156	159	161	164	167	169	172
149	151	154	157	160	162	165	168	170	173
150	152	155	158	161	163	166	169	171	174
151	153	156	159	162	164	167	170	172	175
152	154	157	160	163	165	168	171	173	176
153	155	158	161	164	166	169	172	174	177
154	156	159	162	165	167	170	173	175	178
155	157	160	163	166	168	171	174	176	179
156	158	161	164	167	169	172	175	177	180
157	159	162	165	168	170	173	176	178	181
158	160	163	166	169	171	174	177	179	182
159	161	164	167	170	172	175	178	180	183
160	162	165	168	171	173	176	179	181	184
161	163	166	169	172	174	177	180	182	185
162	164	167	170	173	175	178	181	183	186
163	165	168	171	174	176	179	182	184	187
164.	166	169	172	175	177	180	183	185	188
165	167	170	173	176	178	181	184	186	189
	168	171	174	177	179	182	185	187	190
	169	172	175	178	180	183	186	188	191
					181	184	187	189	192
								190	193
								191	194

12% (70–78% Ausbeute)

61 Ctr. 3050 kg	62 Ctr. 3100 kg	63 Ctr. 3150 kg	64 Ctr. 3200 kg	65 Ctr. 3250 kg	66 Ctr. 3300 kg	67 Ctr. 3350 kg	68 Ctr. 3400 kg	69 Ctr. 3450 kg	70 Ctr. 3500 kg
163	166	169	172	174	177	180	182	185	188
164	167	170	173	175	178	181	183	186	189
165	168	171	174	176	179	182	184	187	190
166	169	172	175	177	180	183	185	188	191
167	170	173	176	178	181	184	186	189	192
168	171	174	177	179	182	185	187	190	193
169	172	175	178	180	183	186	188	191	194
170	173	176	179	181	184	187	189	192	195
171	174	177	180	182	185	188	190	193	196
172	175	178	181	183	186	189	191	194	197
173	176	179	182	184	187	190	192	195	198
174	177	180	183	185	188	191	193	196	199
175	178	181	184	186	189	192	194	197	200
176	179	182	185	187	190	193	195	198	201
177	180	183	186	188	191	194	196	199	202
178	181	184	187	189	192	195	197	200	203
179	182	185	188	190	193	196	198	201	204
180	183	186	189	191	194	197	199	202	205
181	184	187	190	192	195	198	200	203	206
182	185	188	191	193	196	199	201	204	207
183	186	189	192	194	197	200	202	205	208
184	187	190	193	195	198	201	203	206	209
185	188	191	194	196	199	202	204	207	210
186	189	192	195	197	200	203	205	208	211
187	190	193	196	198	201	204	206	209	212
188	191	194	197	199	202	205	207	210	213
189	192	195	198	200	203	206	208	211	214
190	193	196	199	201	204	207	209	212	215
191	194	197	200	202	205	208	210	213	216
192	195	198	201	203	206	209	211	214	217
193	196	199	202	204	207	210	212	215	218
194	197	200	203	205	208	211	213	216	219
195	198	201	204	206	209	212	214	217	220
196	199	202	205	207	210	213	215	218	221
197	200	203	206	208	211	214	216	219	222
198	201	204	207	209	212	215	217	220	223
				210	213	216	218	221	224
							219	222	225
								223	226

12% (70—78% Ausbeute)

71 Ctr. 3550 kg	72 Ctr. 3600 kg	73 Ctr. 3650 kg	74 Ctr. 3700 kg	75 Ctr. 3750 kg	76 Ctr. 3800 kg	77 Ctr. 3850 kg	78 Ctr. 3900 kg	79 Ctr. 3950 kg	80 Ctr. 4000 kg
190	193	196	198	201	204	206	209	212	214
191	194	197	199	202	205	207	210	213	215
192	195	198	200	203	206	208	211	214	216
193	196	199	201	204	207	209	212	215	217
194	197	200	202	205	208	210	213	216	218
195	198	201	203	206	209	211	214	217	219
196	199	202	204	207	210	212	215	218	220
197	200	203	205	208	211	213	216	219	221
198	201	204	206	209	212	214	217	220	222
199	202	205	207	210	213	215	218	221	223
200	203	206	208	211	214	216	219	222	224
201	204	207	209	212	215	217	220	223	225
202	205	208	210	213	216	218	221	224	226
203	206	209	211	214	217	219	222	225	227
204	207	210	212	215	218	220	223	226	228
205	208	211	213	216	219	221	224	227	229
206	209	212	214	217	220	222	225	228	230
207	210	213	215	218	221	223	226	229	231
208	211	214	216	219	222	224	227	230	232
209	212	215	217	220	223	225	228	231	233
210	213	216	218	221	224	226	229	232	234
211	214	217	219	222	225	227	230	233	235
212	215	218	220	223	226	228	231	234	236
213	216	219	221	224	227	229	232	235	237
214	217	220	222	225	228	230	233	236	238
215	218	221	223	226	229	231	234	237	239
216	219	222	224	227	230	232	235	238	240
217	220	223	225	228	231	233	236	239	241
218	221	224	226	229	232	234	237	240	242
219	222	225	227	230	233	235	238	241	243
220	223	226	228	231	234	236	239	242	244
221	224	227	229	232	235	237	240	243	245
222	225	228	230	233	236	238	241	244	246
223	226	229	231	234	237	239	242	245	247
224	227	230	232	235	238	240	243	246	248
225	228	231	233	236	239	241	244	247	249
226	229	232	234	237	240	242	245	248	250
227	230	233	235	238	241	243	246	249	251
228	231	234	236	239	242	244	247	250	252
229	232	235	237	240	243	245	248	251	253
		236	238	241	244	246	249	252	254
			239	242	245	247	250	253	255
					246	248	251	254	256
						249	252	255	257
									258

12 % (70 – 78 % Ausbeute)

81 Ctr. 4050 kg	82 Ctr. 4100 kg	83 Ctr. 4150 kg	84 Ctr. 4200 kg	85 Ctr. 4250 kg	86 Ctr. 4300 kg	87 Ctr. 4350 kg	88 Ctr. 4400 kg	89 Ctr. 4450 kg	90 Ctr. 4500 kg
217	220	222	225	228	230	233	236	238	241
218	221	223	226	229	231	234	237	239	242
219	222	224	227	230	232	235	238	240	243
220	223	225	228	231	233	236	239	241	244
221	224	226	229	232	234	237	240	242	245
222	225	227	230	233	235	238	241	243	246
223	226	228	231	234	236	239	242	244	247
224	227	229	232	235	237	240	243	245	248
225	228	230	233	236	238	241	244	246	249
226	229	231	234	237	239	242	245	247	250
227	230	232	235	238	240	243	246	248	251
228	231	233	236	239	241	244	247	249	252
229	232	234	237	240	242	245	248	250	253
230	233	235	238	241	243	246	249	251	254
231	234	236	239	242	244	247	250	252	255
232	235	237	240	243	245	248	251	253	256
233	236	238	241	244	246	249	252	254	257
234	237	239	242	245	247	250	253	255	258
235	238	240	243	246	248	251	254	256	259
236	239	241	244	247	249	252	255	257	260
237	240	242	245	248	250	253	256	258	261
238	241	243	246	249	251	254	257	259	262
239	242	244	247	250	252	255	258	260	263
240	243	245	248	251	253	256	259	261	264
241	244	246	249	252	254	257	260	262	265
242	245	247	250	253	255	258	261	263	266
243	246	248	251	254	256	259	262	264	267
244	247	249	252	255	257	260	263	265	268
245	248	250	253	256	258	261	264	266	269
246	249	251	254	257	259	262	265	267	270
247	250	252	255	258	260	263	266	268	271
248	251	253	256	259	261	264	267	269	272
249	252	254	257	260	262	265	268	270	273
250	253	255	258	261	263	266	269	271	274
251	254	256	259	262	264	267	270	272	275
252	255	257	260	263	265	268	271	273	276
253	256	258	261	264	266	269	272	274	277
254	257	259	262	265	267	270	273	275	278
255	258	260	263	266	268	271	274	276	279
256	259	261	264	267	269	272	275	277	280
257	260	262	265	268	270	273	276	278	281
258	261	263	266	269	271	274	277	279	282
259	262	264	267	270	272	275	278	280	283
260	263	265	268	271	273	276	279	281	284
261	264	266	269	272	274	277	280	282	285
262	265	267	270	273	275	278	281	283	286
		268	271	274	276	279	282	284	287
		269	272	275	277	280	283	285	288
					278	281	284	286	289
								287	290
								288	291

12 % (70—78 % Ausbeute)

91 Ctr. 4550 kg	92 Ctr. 4600 kg	93 Ctr. 4650 kg	94 Ctr. 4700 kg	95 Ctr. 4750 kg	96 Ctr. 4800 kg	97 Ctr. 4850 kg	98 Ctr. 4900 kg	99 Ctr. 4950 kg	100 Ctr. 5000 kg
244	246	249	252	254	257	260	262	265	268
245	247	250	253	255	258	261	263	266	269
246	248	251	254	256	259	262	264	267	270
247	249	252	255	257	260	263	265	268	271
248	250	253	256	258	261	264	266	269	272
249	251	254	257	259	262	265	267	270	273
250	252	255	258	260	263	266	268	271	274
251	253	256	259	261	264	267	269	272	275
252	254	257	260	262	265	268	270	273	276
253	255	258	261	263	266	269	271	274	277
254	256	259	262	264	267	270	272	275	278
255	257	260	263	265	268	271	273	276	279
256	258	261	264	266	269	272	274	277	280
257	259	262	265	267	270	273	275	278	281
258	260	263	266	268	271	274	276	279	282
259	261	264	267	269	272	275	277	280	283
260	262	265	268	270	273	276	278	281	284
261	263	266	269	271	274	277	279	282	285
262	264	267	270	272	275	278	280	283	286
263	265	268	271	273	276	279	281	284	287
264	266	269	272	274	277	280	282	285	288
265	267	270	273	275	278	281	283	286	289
266	268	271	274	276	279	282	284	287	290
267	269	272	275	277	280	283	285	288	291
268	270	273	276	278	281	284	286	289	292
269	271	274	277	279	282	285	287	290	293
270	272	275	278	280	283	286	288	291	294
271	273	276	279	281	284	287	289	292	295
272	274	277	280	282	285	288	290	293	296
273	275	278	281	283	286	289	291	294	297
274	276	279	282	284	287	290	292	295	298
275	277	280	283	285	288	291	293	296	299
276	278	281	284	286	289	292	294	297	300
277	279	282	285	287	290	293	295	298	301
278	280	283	286	288	291	294	296	299	302
279	281	284	287	289	292	295	297	300	303
280	282	285	288	290	293	296	298	301	304
281	283	286	289	291	294	297	299	302	305
282	284	287	290	292	295	298	300	303	306
283	285	288	291	293	296	299	301	304	307
284	286	289	292	294	297	300	302	305	308
285	287	290	293	295	298	301	303	306	309
286	288	291	294	296	299	302	304	307	310
287	289	292	295	297	300	303	305	308	311
288	290	293	296	298	301	304	306	309	312
289	291	294	297	299	302	305	307	310	313
290	292	295	298	300	303	306	308	311	314
291	293	296	299	301	304	307	309	312	315
292	294	297	300	302	305	308	310	313	316
293	295	298	301	303	306	309	311	314	317
294	296	299	302	304	307	310	312	315	318
	297	300	303	305	30	311	313	316	319
	298	301	304	306	309	312	314	317	320
				307	310	313	315	318	321
							316	319	322
							317	320	323

12.95 – 12.00 % Bllg.   70–78 % Ausbeute.

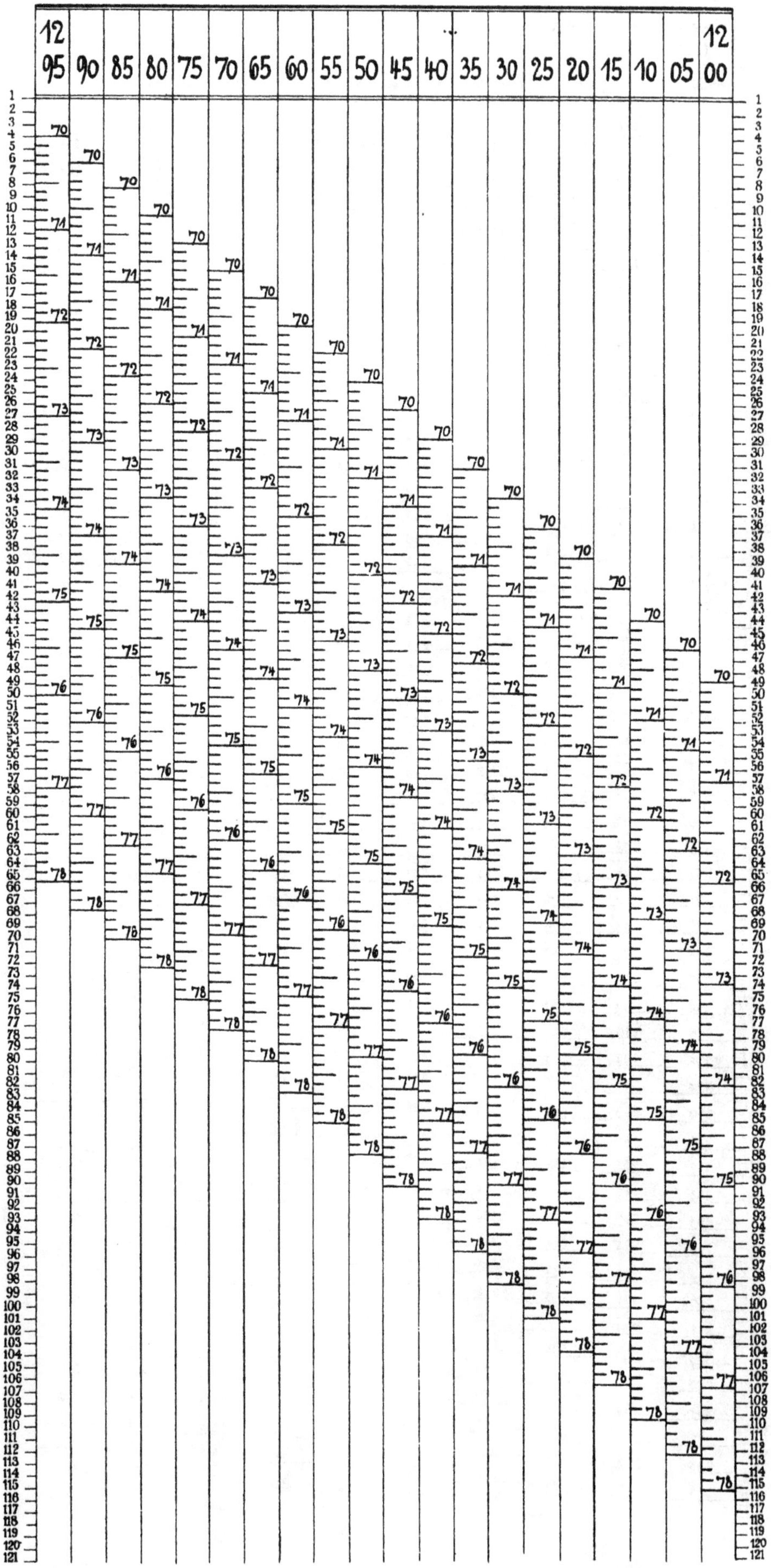
12 95
90
85
80
75
70
65
60
55
50
45
40
35
30
25
20
15
10
05
12 00

11% (63—70% Ausbeute)

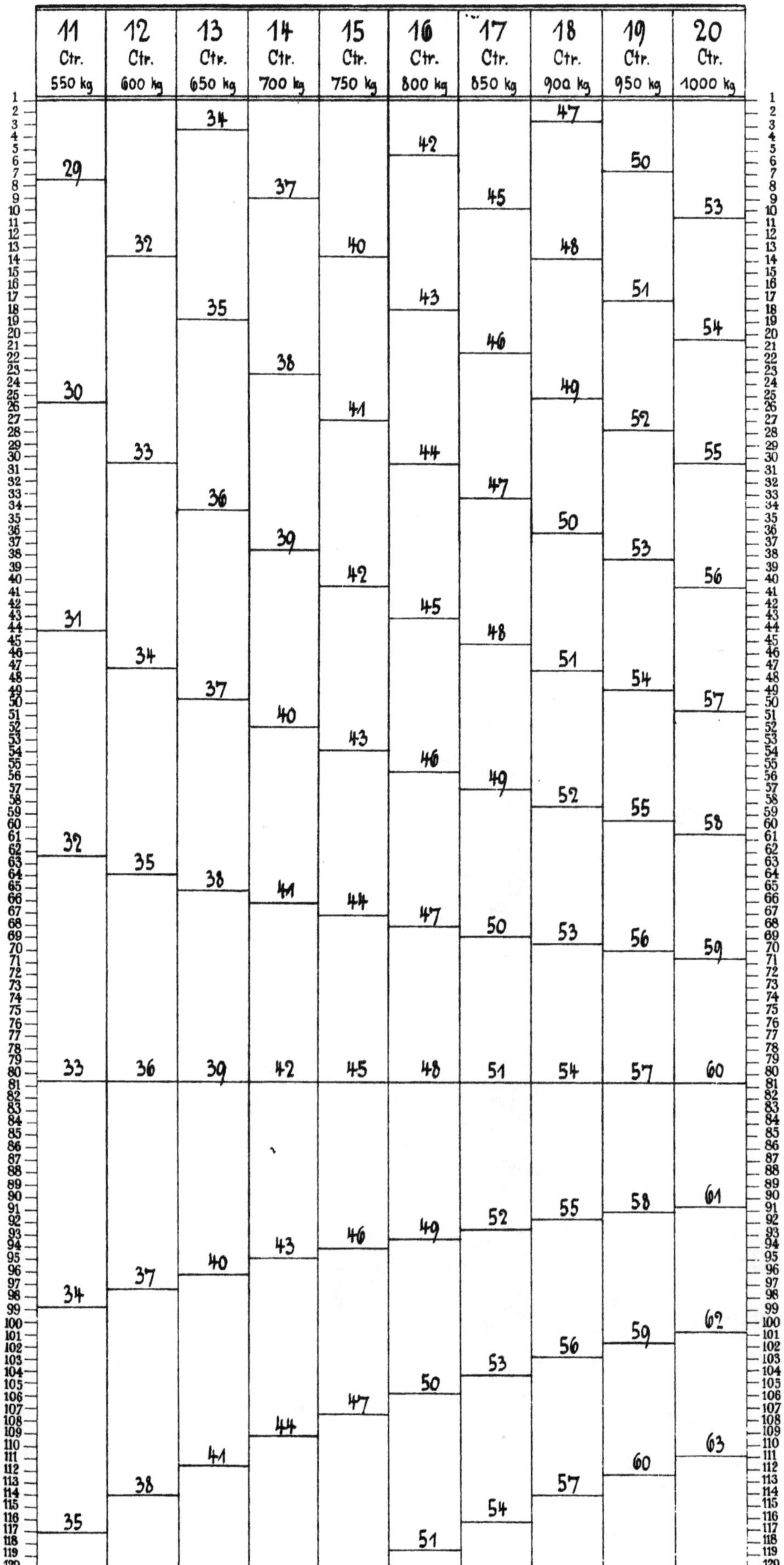
11 Ctr. 550 kg
12 Ctr. 600 kg
13 Ctr. 650 kg
14 Ctr. 700 kg
15 Ctr. 750 kg
16 Ctr. 800 kg
17 Ctr. 850 kg
18 Ctr. 900 kg
19 Ctr. 950 kg
20 Ctr. 1000 kg
29 30 31 32 33 34 35
32 33 34 35 36 37 38
34 35 36 37 38 39 40 41
37 38 39 40 41 42 43 44
40 41 42 43 44 45 46 47
42 43 44 45 46 47 48 49 50 51
45 46 47 48 49 50 51 52 53 54
47 48 49 50 51 52 53 54 55 56 57
50 51 52 53 54 55 56 57 58 59 60
53 54 55 56 57 58 59 60 61 62 63

11 % (63–70 % Ausbeute)

Zeile	21 Ctr. 1050 kg	22 Ctr. 1100 kg	23 Ctr. 1150 kg	24 Ctr. 1200 kg	25 Ctr. 1250 kg	26 Ctr. 1300 kg	27 Ctr. 1350 kg	28 Ctr. 1400 kg	29 Ctr. 1450 kg	30 Ctr. 1500 kg
3	55		60			68			76	
4				63						
6							71			79
7		58								
8					66			74		
10			61			69			77	
12	56			64						
13							72			80
15								75		
16		59			67					
18			62			70			78	
20							73			81
21				65						
22	57									
23					68			76		
24		60								
25						71			79	
27			63				74			82
29				66				77		
31	58								80	
33		61				72				83
35							75			
36			64					78		
37				67						
38									81	
39					70					
40										84
41	59					73				
42		62					76			
44								79		
45			65						82	
46				68						85
47					71					
48						74				
50							77	80		
51	60									
52		63								
53			66						83	
54				69						
55					72					
56						75				86
57								81		
58							78			
59									84	
60	61									87
61		64	67							
63				70						
64					73	76		82		
65							79		85	
66										88
70	62	65	68							
71				71						
72					74	77	80	83	86	
73										89
80	63	66	69	72	75	78	81	84	87	90
87							82	85	88	
88			70	73	76	79				91
89	64	67								
94							83	86	89	92
95						80				
96			71	74	77					
99	65	68								
100										93
101								87	90	
102							84			
103					78	81				
104				75						
107		69								94
108	66							88	91	
110						82	85			
112					79					
113				76						
114										95
115			73						92	
116		70						89		
117							86			
119						83				

11 % (63–70 % Ausbeute)

Nr.	31 Ctr. 1550 kg	32 Ctr. 1600 kg	33 Ctr. 1650 kg	34 Ctr. 1700 kg	35 Ctr. 1750 kg	36 Ctr. 1800 kg	37 Ctr. 1850 kg	38 Ctr. 1900 kg	39 Ctr. 1950 kg	40 Ctr. 2000 kg
2	81									
3				89					102	
4		84					97			
5					92			100		105
7			87			95				
8									103	
9	82			90						
10		85					98			106
11					93			101		
12			88						104	
13						96				
15	83			91			99			107
16					94					
17		86						102		
18			89						105	
19						97				
20				92			100			108
21	84									
22					95			103		
23		87							106	
24			90							
25						98	101			109
27	85			93				104		
28					96				107	
29		88								
30			91			99				110
31							102			
33				94				105	108	
34	86									
35					97					111
36		89				100				
37			92				103			
38								106	109	
39				95						
40					98					112
41	87					101				
42		90					104			
43			93					107	110	
45				96						113
46					99					
47	88					102	105			
48		91						108		
49			94						111	
50										114
51				97	100					
52						103				
53							106			
54	89	92						109	112	
55			95							115
57				98	101					
58						104	107			
59								110	113	
60										116
61	90	93	96							
63				99	102	105				
64							108	111	114	
65										117
67	91	94	97							
68				100	103	106				
69							109	112	115	
70										118
74	92	95	98	101	104	107	110	113	116	
75										119
80	93	96	99	102	105	108	111	114	117	120
86	94	97	100	103	106	109	112	115	118	121
91				104		110	113	116	119	122
92	95	98	101		107					
95									120	123
96							114	117		
97				105		111				
98			102		108					
99	96	99								
100									121	124
101							115	118		
102						112				
104			103	106	109					
105	97	100							122	125
106							116			
107								119		
108						113				
110				107	110					
111			104						123	126
112	98	101					117	120		
114						114				
116			105	108	111				124	127
117		102								
118							118	121		

11 % (63–70 % Ausbeute)

41 Ctr. 2050 kg	42 Ctr. 2100 kg	43 Ctr. 2150 kg	44 Ctr. 2200 kg	45 Ctr. 2250 kg	46 Ctr. 2300 kg	47 Ctr. 2350 kg	48 Ctr. 2400 kg	49 Ctr. 2450 kg	50 Ctr. 2500 kg
108	110	113	116	118	121	123	126	129	131
109	111	114	117	119	122	124	127	130	132
110	112	115	118	120	123	125	128	131	133
111	113	116	119	121	124	126	129	132	134
112	114	117	120	122	125	127	130	133	135
113	115	118	121	123	126	128	131	134	136
114	116	119	122	124	127	129	132	135	137
115	117	120	123	125	128	130	133	136	138
116	118	121	124	126	129	131	134	137	139
117	119	122	125	127	130	132	135	138	140
118	120	123	126	128	131	133	136	139	141
119	121	124	127	129	132	134	137	140	142
120	122	125	128	130	133	135	138	141	143
121	123	126	129	131	134	136	139	142	144
122	124	127	130	132	135	137	140	143	145
123	125	128	131	133	136	138	141	144	146
124	126	129	132	134	137	139	142	145	147
125	127	130	133	135	138	140	143	146	148
126	128	131	134	136	139	141	144	147	149
127	129	132	135	137	140	142	145	148	150
128	130	133	136	138	141	143	146	149	151
129	131	134	137	139	142	144	147	150	152
130	132	135	138	140	143	145	148	151	153
131	133	136	139	141	144	146	149	152	154
	134	137	140	142	145	147	150	153	155
				143	146	148	151	154	156
						149	152	155	157
						150	153	156	158
									159

11% (63–70% Ausbeute)

51 Ctr. 2550 kg	52 Ctr. 2600 kg	53 Ctr. 2650 kg	54 Ctr. 2700 kg	55 Ctr. 2750 kg	56 Ctr. 2800 kg	57 Ctr. 2850 kg	58 Ctr. 2900 kg	59 Ctr. 2950 kg	60 Ctr. 3000 kg
134	137	139	142	145	147	150	152	155	157
135	138	140	143	146	148	151	153	156	158
136	139	141	144	147	149	152	154	157	159
137	140	142	145	148	150	153	155	158	160
138	141	143	146	149	151	154	156	159	161
139	142	144	147	150	152	155	157	160	162
140	143	145	148	151	153	156	158	161	163
141	144	146	149	152	154	157	159	162	164
142	145	147	150	153	155	158	160	163	165
143	146	148	151	154	156	159	161	164	166
144	147	149	152	155	157	160	162	165	167
145	148	150	153	156	158	161	163	166	168
146	149	151	154	157	159	162	164	167	169
147	150	152	155	158	160	163	165	168	170
148	151	153	156	159	161	164	166	169	171
149	152	154	157	160	162	165	167	170	172
150	153	155	158	161	163	166	168	171	173
151	154	156	159	162	164	167	169	172	174
152	155	157	160	163	165	168	170	173	175
153	156	158	161	164	166	169	171	174	176
154	157	159	162	165	167	170	172	175	177
155	158	160	163	166	168	171	173	176	178
156	159	161	164	167	169	172	174	177	179
157	160	162	165	168	170	173	175	178	180
158	161	163	166	169	171	174	176	179	181
159	162	164	167	170	172	175	177	180	182
160	163	165	168	171	173	176	178	181	183
161	164	166	169	172	174	177	179	182	184
162	165	167	170	173	175	178	180	183	185
163	166	168	171	174	176	179	181	184	186
		169	172	175	177	180	182	185	187
					178	181	183	186	188
							184	187	189
							185	188	190
									191

11 % (63–70 % Ausbeute)

61 Ctr. 3050 kg	62 Ctr. 3100 kg	63 Ctr. 3150 kg	64 Ctr. 3200 kg	65 Ctr. 3250 kg	66 Ctr. 3300 kg	67 Ctr. 3350 kg	68 Ctr. 3400 kg	69 Ctr. 3450 kg	70 Ctr. 3500 kg
160	163	165	168	171	173	176	178	181	184
161	164	166	169	172	174	177	179	182	185
162	165	167	170	173	175	178	180	183	186
163	166	168	171	174	176	179	181	184	187
164	167	169	172	175	177	180	182	185	188
165	168	170	173	176	178	181	183	186	189
166	169	171	174	177	179	182	184	187	190
167	170	172	175	178	180	183	185	188	191
168	171	173	176	179	181	184	186	189	192
169	172	174	177	180	182	185	187	190	193
170	173	175	178	181	183	186	188	191	194
171	174	176	179	182	184	187	189	192	195
172	175	177	180	183	185	188	190	193	196
173	176	178	181	184	186	189	191	194	197
174	177	179	182	185	187	190	192	195	198
175	178	180	183	186	188	191	193	196	199
176	179	181	184	187	189	192	194	197	200
177	180	182	185	188	190	193	195	198	201
178	181	183	186	189	191	194	196	199	202
179	182	184	187	190	192	195	197	200	203
180	183	185	188	191	193	196	198	201	204
181	184	186	189	192	194	197	199	202	205
182	185	187	190	193	195	198	200	203	206
183	186	188	191	194	196	199	201	204	207
184	187	189	192	195	197	200	202	205	208
185	188	190	193	196	198	201	203	206	209
186	189	191	194	197	199	202	204	207	210
187	190	192	195	198	200	203	205	208	211
188	191	193	196	199	201	204	206	209	212
189	192	194	197	200	202	205	207	210	213
190	193	195	198	201	203	206	208	211	214
191	194	196	199	202	204	207	209	212	215
192	195	197	200	203	205	208	210	213	216
193	196	198	201	204	206	209	211	214	217
194	197	199	202	205	207	210	212	215	218
		200	203	206	208	211	213	216	219
			204	207	209	212	214	217	220
					210	213	215	218	221
							216	219	222
								220	223

11 % (63–70 % Ausbeute)

71 Ctr. 3550 kg	72 Ctr. 3600 kg	73 Ctr. 3650 kg	74 Ctr. 3700 kg	75 Ctr. 3750 kg	76 Ctr. 3800 kg	77 Ctr. 3850 kg	78 Ctr. 3900 kg	79 Ctr. 3950 kg	80 Ctr. 4000 kg
186	189	192	194	197	199	202	205	207	210
187	190	193	195	198	200	203	206	208	211
188	191	194	196	199	201	204	207	209	212
189	192	195	197	200	202	205	208	210	213
190	193	196	198	201	203	206	209	211	214
191	194	197	199	202	204	207	210	212	215
192	195	198	200	203	205	208	211	213	216
193	196	199	201	204	206	209	212	214	217
194	197	200	202	205	207	210	213	215	218
195	198	201	203	206	208	211	214	216	219
196	199	202	204	207	209	212	215	217	220
197	200	203	205	208	210	213	216	218	221
198	201	204	206	209	211	214	217	219	222
199	202	205	207	210	212	215	218	220	223
200	203	206	208	211	213	216	219	221	224
201	204	207	209	212	214	217	220	222	225
202	205	208	210	213	215	218	221	223	226
203	206	209	211	214	216	219	222	224	227
204	207	210	212	215	217	220	223	225	228
205	208	211	213	216	218	221	224	226	229
206	209	212	214	217	219	222	225	227	230
207	210	213	215	218	220	223	226	228	231
208	211	214	216	219	221	224	227	229	232
209	212	215	217	220	222	225	228	230	233
210	213	216	218	221	223	226	229	231	234
211	214	217	219	222	224	227	230	232	235
212	215	218	220	223	225	228	231	233	236
213	216	219	221	224	226	229	232	234	237
214	217	220	222	225	227	230	233	235	238
215	218	221	223	226	228	231	234	236	239
216	219	222	224	227	229	232	235	237	240
217	220	223	225	228	230	233	236	238	241
218	221	224	226	229	231	234	237	239	242
219	222	225	227	230	232	235	238	240	243
220	223	226	228	231	233	236	239	241	244
221	224	227	229	232	234	237	240	242	245
222	225	228	230	233	235	238	241	243	246
223	226	229	231	234	236	239	242	244	247
224	227	230	232	235	237	240	243	245	248
225	228	231	233	236	238	241	244	246	249
226	229	232	234	237	239	242	245	247	250
			235	238	240	243	246	248	251
					241	244	247	249	252
						245	248	250	253
								251	254

11 % (63–70 % Ausbeute)

81 Ctr. 4050 kg	82 Ctr. 4100 kg	83 Ctr. 4150 kg	84 Ctr. 4200 kg	85 Ctr. 4250 kg	86 Ctr. 4300 kg	87 Ctr. 4350 kg	88 Ctr. 4400 kg	89 Ctr. 4450 kg	90 Ctr. 4500 kg
213	215	218	221	223	226	229	231	234	236
214	216	219	222	224	227	230	232	235	237
215	217	220	223	225	228	231	233	236	238
216	218	221	224	226	229	232	234	237	239
217	219	222	225	227	230	233	235	238	240
218	220	223	226	228	231	234	236	239	241
219	221	224	227	229	232	235	237	240	242
220	222	225	228	230	233	236	238	241	243
221	223	226	229	231	234	237	239	242	244
222	224	227	230	232	235	238	240	243	245
223	225	228	231	233	236	239	241	244	246
224	226	229	232	234	237	240	242	245	247
225	227	230	233	235	238	241	243	246	248
226	228	231	234	236	239	242	244	247	249
227	229	232	235	237	240	243	245	248	250
228	230	233	236	238	241	244	246	249	251
229	231	234	237	239	242	245	247	250	252
230	232	235	238	240	243	246	248	251	253
231	233	236	239	241	244	247	249	252	254
232	234	237	240	242	245	248	250	253	255
233	235	238	241	243	246	249	251	254	256
234	236	239	242	244	247	250	252	255	257
235	237	240	243	245	248	251	253	256	258
236	238	241	244	246	249	252	254	257	259
237	239	242	245	247	250	253	255	258	260
238	240	243	246	248	251	254	256	259	261
239	241	244	247	249	252	255	257	260	262
240	242	245	248	250	253	256	258	261	263
241	243	246	249	251	254	257	259	262	264
242	244	247	250	252	255	258	260	263	265
243	245	248	251	253	256	259	261	264	266
244	246	249	252	254	257	260	262	265	267
245	247	250	253	255	258	261	263	266	268
246	248	251	254	256	259	262	264	267	269
247	249	252	255	257	260	263	265	268	270
248	250	253	256	258	261	264	266	269	271
249	251	254	257	259	262	265	267	270	272
250	252	255	258	260	263	266	268	271	273
251	253	256	259	261	264	267	269	272	274
252	254	257	260	262	265	268	270	273	275
253	255	258	261	263	266	269	271	274	276
254	256	259	262	264	267	270	272	275	277
255	257	260	263	265	268	271	273	276	278
256	258	261	264	266	269	272	274	277	279
257	259	262	265	267	270	273	275	278	280
	260	263	266	268	271	274	276	279	281
				269	272	275	277	280	282
				270	273	276	278	281	283
							279	282	284
									285
									286

11% (63–70% Ausbeute)

91 Ctr. 4550 kg	92 Ctr. 4600 kg	93 Ctr. 4650 kg	94 Ctr. 4700 kg	95 Ctr. 4750 kg	96 Ctr. 4800 kg	97 Ctr. 4850 kg	98 Ctr. 4900 kg	99 Ctr. 4950 kg	100 Ctr. 5000 kg
239	242	244	247	249	252	255	257	260	262
240	243	245	248	250	253	256	258	261	263
241	244	246	249	251	254	257	259	262	264
242	245	247	250	252	255	258	260	263	265
243	246	248	251	253	256	259	261	264	266
244	247	249	252	254	257	260	262	265	267
245	248	250	253	255	258	261	263	266	268
246	249	251	254	256	259	262	264	267	269
247	250	252	255	257	260	263	265	268	270
248	251	253	256	258	261	264	266	269	271
249	252	254	257	259	262	265	267	270	272
250	253	255	258	260	263	266	268	271	273
251	254	256	259	261	264	267	269	272	274
252	255	257	260	262	265	268	270	273	275
253	256	258	261	263	266	269	271	274	276
254	257	259	262	264	267	270	272	275	277
255	258	260	263	265	268	271	273	276	278
256	259	261	264	266	269	272	274	277	279
257	260	262	265	267	270	273	275	278	280
258	261	263	266	268	271	274	276	279	281
259	262	264	267	269	272	275	277	280	282
260	263	265	268	270	273	276	278	281	283
261	264	266	269	271	274	277	279	282	284
262	265	267	270	272	275	278	280	283	285
263	266	268	271	273	276	279	281	284	286
264	267	269	272	274	277	280	282	285	287
265	268	270	273	275	278	281	283	286	288
266	269	271	274	276	279	282	284	287	289
267	270	272	275	277	280	283	285	288	290
268	271	273	276	278	281	284	286	289	291
269	272	274	277	279	282	285	287	290	292
270	273	275	278	280	283	286	288	291	293
271	274	276	279	281	284	287	289	292	294
272	275	277	280	282	285	288	290	293	295
273	276	278	281	283	286	289	291	294	296
274	277	279	282	284	287	290	292	295	297
275	278	280	283	285	288	291	293	296	298
276	279	281	284	286	289	292	294	297	299
277	280	282	285	287	290	293	295	298	300
278	281	283	286	288	291	294	296	299	301
279	282	284	287	289	292	295	297	300	302
280	283	285	288	290	293	296	298	301	303
281	284	286	289	291	294	297	299	302	304
282	285	287	290	292	295	298	300	303	305
283	286	288	291	293	296	299	301	304	306
284	287	289	292	294	297	300	302	305	307
285	288	290	293	295	298	301	303	306	308
286	289	291	294	296	299	302	304	307	309
287	290	292	295	297	300	303	305	308	310
288	291	293	296	298	301	304	306	309	311
289	292	294	297	299	302	305	307	310	312
		295	298	300	303	306	308	311	313
				301	304	307	309	312	314
					305	308	310	313	315
							311	314	316
									317

11.95 – 11.00 % Bllg. 63 – 70 % Ausbeute.

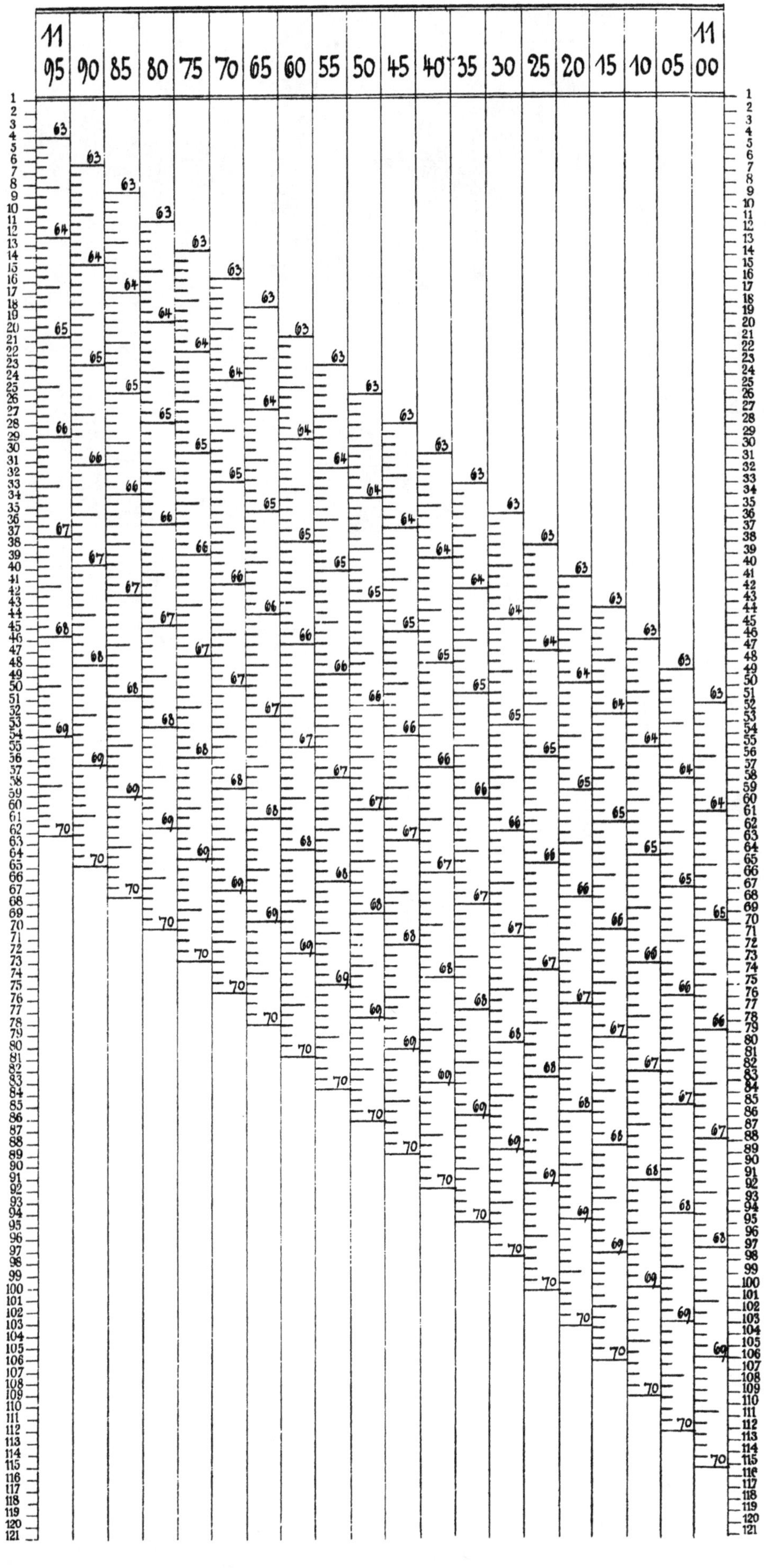
11 95
90
85
80
75
70
65
60
55
50
45
40
35
30
25
20
15
10
05
11 00

11 % (70—78 % Ausbeute)

Zeile	11 Ctr. 550 kg	12 Ctr. 600 kg	13 Ctr. 650 kg	14 Ctr. 700 kg	15 Ctr. 750 kg	16 Ctr. 800 kg	17 Ctr. 850 kg	18 Ctr. 900 kg	19 Ctr. 950 kg	20 Ctr. 1000 kg
3	32									
4		35								
5			38							
6				41						
7					44	47				
8							50	53		
9									56	59
16	33	36	39	42	45	48	51	54	57	60
24							52	55	58	61
26					46	49				
27				43						
28		37	40							
30	34									
32									59	62
34								56		
35							53			
36					47	50				
38				44						
40			41					57	60	63
42		38								
44	35						54			
46						51				
47					48				61	64
49				45				58		
51			42				55			
54		39				52				
55									62	65
57	36				49			59		
60				46						66
62							56			
63			43			53			63	
67		40			50			60		67
71	37			47			57		64	
75			44			54		61		68
77					51					
79		41					58		65	
81				48		55		62		
85	38								66	69
86			45		52		59			
92		42		49		56		63		70
96						60			67	
97					53					

11 % (70—78 % Ausbeute)

21 Ctr. 1050 kg	22 Ctr. 1100 kg	23 Ctr. 1150 kg	24 Ctr. 1200 kg	25 Ctr 1250 kg	26 Ctr. 1300 kg	27 Ctr. 1350 kg	28 Ctr. 1400 kg	29 Ctr. 1450 kg	30 Ctr. 1500 kg
62	64	67	70	73	76	79	82	85	88
63	65	68	71	74	77	80	83	86	89
64	66	69	72	75	78	81	84	87	90
65	67	70	73	76	79	82	85	88	91
66	68	71	74	77	80	83	86	89	92
67	69	72	75	78	81	84	87	90	93
68	70	73	76	79	82	85	88	91	94
69	71	74	77	80	83	86	89	92	95
70	72	75	78	81	84	87	90	93	96
71	73	76	79	82	85	88	91	94	97
72	74	77	80	83	86	89	92	95	98
73	75	78	81	84	87	90	93	96	99
74	76	79	82	85	88	91	94	97	100
	77	80	83	86	89	92	95	98	101
		81	84	87	90	93	96	99	102
			85	88	91	94	97	100	103
					92	95	98	101	104
							99	102	105
									106

11% (70–78% Ausbeute)

31 Ctr. 1550 kg	32 Ctr. 1600 kg	33 Ctr. 1650 kg	34 Ctr. 1700 kg	35 Ctr. 1750 kg	36 Ctr. 1800 kg	37 Ctr. 1850 kg	38 Ctr. 1900 kg	39 Ctr. 1950 kg	40 Ctr. 2000 kg
91	94	97	99	102	105	108	111	114	117
92	95	98	100	103	106	109	112	115	118
93	96	99	101	104	107	110	113	116	119
94	97	100	102	105	108	111	114	117	120
95	98	101	103	106	109	112	115	118	121
96	99	102	104	107	110	113	116	119	122
97	100	103	105	108	111	114	117	120	123
98	101	104	106	109	112	115	118	121	124
99	102	105	107	110	113	116	119	122	125
100	103	106	108	111	114	117	120	123	126
101	104	107	109	112	115	118	121	124	127
102	105	108	110	113	116	119	122	125	128
103	106	109	111	114	117	120	123	126	129
104	107	110	112	115	118	121	124	127	130
105	108	111	113	116	119	122	125	128	131
106	109	112	114	117	120	123	126	129	132
107	110	113	115	118	121	124	127	130	133
108	111	114	116	119	122	125	128	131	134
109	112	115	117	120	123	126	129	132	135
	113	116	118	121	124	127	130	133	136
			119	122	125	128	131	134	137
			120	123	126	129	132	135	138
					127	130	133	136	139
							134	137	140
									141

1 2 3 4 5 6 7 8 9 10 11 12 13 14 15 16 17 18 19 20 21 22 23 24 25 26 27 28 29 30 31 32 33 34 35 36 37 38 39 40 41 42 43 44 45 46 47 48 49 50 51 52 53 54 55 56 57 58 59 60 61 62 63 64 65 66 67 68 69 70 71 72 73 74 75 76 77 78 79 80 81 82 83 84 85 86 87 88 89 90 91 92 93 94 95 96 97 98 99 100 101 102 103 104 105 106 107 108 109 110 111 112 113 114 115 116 117 118 119 120 121

11 % (70 – 78 % Ausbeute)

Zeile	41 Ctr. 2050 kg	42 Ctr. 2100 kg	43 Ctr. 2150 kg	44 Ctr. 2200 kg	45 Ctr. 2250 kg	46 Ctr. 2300 kg	47 Ctr. 2350 kg	48 Ctr. 2400 kg	49 Ctr. 2450 kg	50 Ctr. 2500 kg	Zeile
4					131	134	137	140	143	146	4
6	120	123	126	129	132	135	138	141	144	147	6
9	121	124	127	130	133	136	139	142	145	148	9
13	122	125	128	131	134	137	140	143	146	149	13
17	123	126	129	132	135	138	141	144	147	150	17
20	124	127	130	133	136	139	142	145	148	151	20
24	125	128	131	134	137	140	143	146	149	152	24
27	126	129	132	135	138	141	144	147	150	153	27
31	127	130	133	136	139	142	145	148	151	154	31
35	128	131	134	137	140	143	146	149	152	155	35
38	129	132	135	138	141	144	147	150	153	156	38
42	130	133	136	139	142	145	148	151	154	157	42
46	131	134	137	140	143	146	149	152	155	158	46
49	132	135	138	141	144	147	150	153	156	159	49
53	133	136	139	142	145	148	151	154	157	160	53
57	134	137	140	143	146	149	152	155	158	161	57
61	135	138	141	144	147	150	153	156	159	162	61
65	136	139	142	145	148	151	154	157	160	163	65
68	137	140	143	146	149	152	155	158	161	164	68
72	138	141	144	147	150	153	156	159	162	165	72
76	139	142	145	148	151	154	157	160	163	166	76
80	140	143	146	149	152	155	158	161	164	167	80
83	141	144	147	150	153	156	159	162	165	168	83
87	142	145	148	151	154	157	160	163	166	169	87
90	143	146	149	152	155	158	161	164	167	170	90
94	144	147	150	153	156	159	162	165	168	171	94
97	145	148	151	154	157	160	163	166	169	172	97
99			152	155	158	161	164	167	170	173	99
					159	162	165	168	171	174	
						163	166	169	172	175	
								170	173	176	
										177	

11% (70–78% Ausbeute)

51 Ctr. 2550 kg	52 Ctr. 2600 kg	53 Ctr. 2650 kg	54 Ctr. 2700 kg	55 Ctr. 2750 kg	56 Ctr. 2800 kg	57 Ctr. 2850 kg	58 Ctr. 2900 kg	59 Ctr. 2950 kg	60 Ctr. 3000 kg
149	152	155	158	160	163	166	169	172	175
150	153	156	159	161	164	167	170	173	176
151	154	157	160	162	165	168	171	174	177
152	155	158	161	163	166	169	172	175	178
153	156	159	162	164	167	170	173	176	179
154	157	160	163	165	168	171	174	177	180
155	158	161	164	166	169	172	175	178	181
156	159	162	165	167	170	173	176	179	182
157	160	163	166	168	171	174	177	180	183
158	161	164	167	169	172	175	178	181	184
159	162	165	168	170	173	176	179	182	185
160	163	166	169	171	174	177	180	183	186
161	164	167	170	172	175	178	181	184	187
162	165	168	171	173	176	179	182	185	188
163	166	169	172	174	177	180	183	186	189
164	167	170	173	175	178	181	184	187	190
165	168	171	174	176	179	182	185	188	191
166	169	172	175	177	180	183	186	189	192
167	170	173	176	178	181	184	187	190	193
168	171	174	177	179	182	185	188	191	194
169	172	175	178	180	183	186	189	192	195
170	173	176	179	181	184	187	190	193	196
171	174	177	180	182	185	188	191	194	197
172	175	178	181	183	186	189	192	195	198
173	176	179	182	184	187	190	193	196	199
174	177	180	183	185	188	191	194	197	200
175	178	181	184	186	189	192	195	198	201
176	179	182	185	187	190	193	196	199	202
177	180	183	186	188	191	194	197	200	203
178	181	184	187	189	192	195	198	201	204
179	182	185	188	190	193	196	199	202	205
180	183	186	189	191	194	197	200	203	206
	184	187	190	192	195	198	201	204	207
			191	193	196	199	202	205	208
				194	197	200	203	206	209
					198	201	204	207	210
							205	208	211
									212

11 % (70–78 % Ausbeute)

81 Ctr. 4050 kg	82 Ctr. 4100 kg	83 Ctr. 4150 kg	84 Ctr. 4200 kg	85 Ctr. 4250 kg	86 Ctr. 4300 kg	87 Ctr. 4350 kg	88 Ctr. 4400 kg	89 Ctr. 4450 kg	90 Ctr. 4500 kg
235	238	241	244	247	250	253	256	259	262
236	239	242	245	248	251	254	257	260	263
237	240	243	246	249	252	255	258	261	264
238	241	244	247	250	253	256	259	262	265
239	242	245	248	251	254	257	260	263	266
240	243	246	249	252	255	258	261	264	267
241	244	247	250	253	256	259	262	265	268
242	245	248	251	254	257	260	263	266	269
243	246	249	252	255	258	261	264	267	270
244	247	250	253	256	259	262	265	268	271
245	248	251	254	257	260	263	266	269	272
246	249	252	255	258	261	264	267	270	273
247	250	253	256	259	262	265	268	271	274
248	251	254	257	260	263	266	269	272	275
249	252	255	258	261	264	267	270	273	276
250	253	256	259	262	265	268	271	274	277
251	254	257	260	263	266	269	272	275	278
252	255	258	261	264	267	270	273	276	279
253	256	259	262	265	268	271	274	277	280
254	257	260	263	266	269	272	275	278	281
255	258	261	264	267	270	273	276	279	282
256	259	262	265	268	271	274	277	280	283
257	260	263	266	269	272	275	278	281	284
258	261	264	267	270	273	276	279	282	285
259	262	265	268	271	274	277	280	283	286
260	263	266	269	272	275	278	281	284	287
261	264	267	270	273	276	279	282	285	288
262	265	268	271	274	277	280	283	286	289
263	266	269	272	275	278	281	284	287	290
264	267	270	273	276	279	282	285	288	291
265	268	271	274	277	280	283	286	289	292
266	269	272	275	278	281	284	287	290	293
267	270	273	276	279	282	285	288	291	294
268	271	274	277	280	283	286	289	292	295
269	272	275	278	281	284	287	290	293	296
270	273	276	279	282	285	288	291	294	297
271	274	277	280	283	286	289	292	295	298
272	275	278	281	284	287	290	293	296	299
273	276	279	282	285	288	291	294	297	300
274	277	280	283	286	289	292	295	298	301
275	278	281	284	287	290	293	296	299	302
276	279	282	285	288	291	294	297	300	303
277	280	283	286	289	292	295	298	301	304
278	281	284	287	290	293	296	299	302	305
279	282	285	288	291	294	297	300	303	306
280	283	286	289	292	295	298	301	304	307
281	284	287	290	293	296	299	302	305	308
282	285	288	291	294	297	300	303	306	309
283	286	289	292	295	298	301	304	307	310
284	287	290	293	296	299	302	305	308	311
285	288	291	294	297	300	303	306	309	312
286	289	292	295	298	301	304	307	310	313
287	290	293	296	299	302	305	308	311	314
		294	297	300	303	306	309	312	315
				301	304	307	310	313	316
						308	311	314	317
								315	318

11 % (70 – 78 % Ausbeute)

91 Ctr. 4550 kg	92 Ctr. 4600 kg	93 Ctr. 4650 kg	94 Ctr. 4700 kg	95 Ctr. 4750 kg	96 Ctr. 4800 kg	97 Ctr. 4850 kg	98 Ctr. 4900 kg	99 Ctr. 4950 kg	100 Ctr. 5000 kg
264	267	270	273	276	279	282	285	288	291
265	268	271	274	277	280	283	286	289	292
266	269	272	275	278	281	284	287	290	293
267	270	273	276	279	282	285	288	291	294
268	271	274	277	280	283	286	289	292	295
269	272	275	278	281	284	287	290	293	296
270	273	276	279	282	285	288	291	294	297
271	274	277	280	283	286	289	292	295	298
272	275	278	281	284	287	290	293	296	299
273	276	279	282	285	288	291	294	297	300
274	277	280	283	286	289	292	295	298	301
275	278	281	284	287	290	293	296	299	302
276	279	282	285	288	291	294	297	300	303
277	280	283	286	289	292	295	298	301	304
278	281	284	287	290	293	296	299	302	305
279	282	285	288	291	294	297	300	303	306
280	283	286	289	292	295	298	301	304	307
281	284	287	290	293	296	299	302	305	308
282	285	288	291	294	297	300	303	306	309
283	286	289	292	295	298	301	304	307	310
284	287	290	293	296	299	302	305	308	311
285	288	291	294	297	300	303	306	309	312
286	289	292	295	298	301	304	307	310	313
287	290	293	296	299	302	305	308	311	314
288	291	294	297	300	303	306	309	312	315
289	292	295	298	301	304	307	310	313	316
290	293	296	299	302	305	308	311	314	317
291	294	297	300	303	306	309	312	315	318
292	295	298	301	304	307	310	313	316	319
293	296	299	302	305	308	311	314	317	320
294	297	300	303	306	309	312	315	318	321
295	298	301	304	307	310	313	316	319	322
296	299	302	305	308	311	314	317	320	323
297	300	303	306	309	312	315	318	321	324
298	301	304	307	310	313	316	319	322	325
299	302	305	308	311	314	317	320	323	326
300	303	306	309	312	315	318	321	324	327
301	304	307	310	313	316	319	322	325	328
302	305	308	311	314	317	320	323	326	329
303	306	309	312	315	318	321	324	327	330
304	307	310	313	316	319	322	325	328	331
305	308	311	314	317	320	323	326	329	332
306	309	312	315	318	321	324	327	330	333
307	310	313	316	319	322	325	328	331	334
308	311	314	317	320	323	326	329	332	335
309	312	315	318	321	324	327	330	333	336
310	313	316	319	322	325	328	331	334	337
311	314	317	320	323	326	329	332	335	338
312	315	318	321	324	327	330	333	336	339
313	316	319	322	325	328	331	334	337	340
314	317	320	323	326	329	332	335	338	341
315	318	321	324	327	330	333	336	339	342
316	319	322	325	328	331	334	337	340	343
317	320	323	326	329	332	335	338	341	344
318	321	324	327	330	333	336	339	342	345
319	322	325	328	331	334	337	340	343	346
320	323	326	329	332	335	338	341	344	347
321	324	327	330	333	336	339	342	345	348
322	325	328	331	334	337	340	343	346	349
		329	332	335	338	341	344	347	350
				336	339	342	345	348	351
						343	346	349	352
								350	353

11.95 – 11.00 % Bllg. 70–78 % Ausbeute.

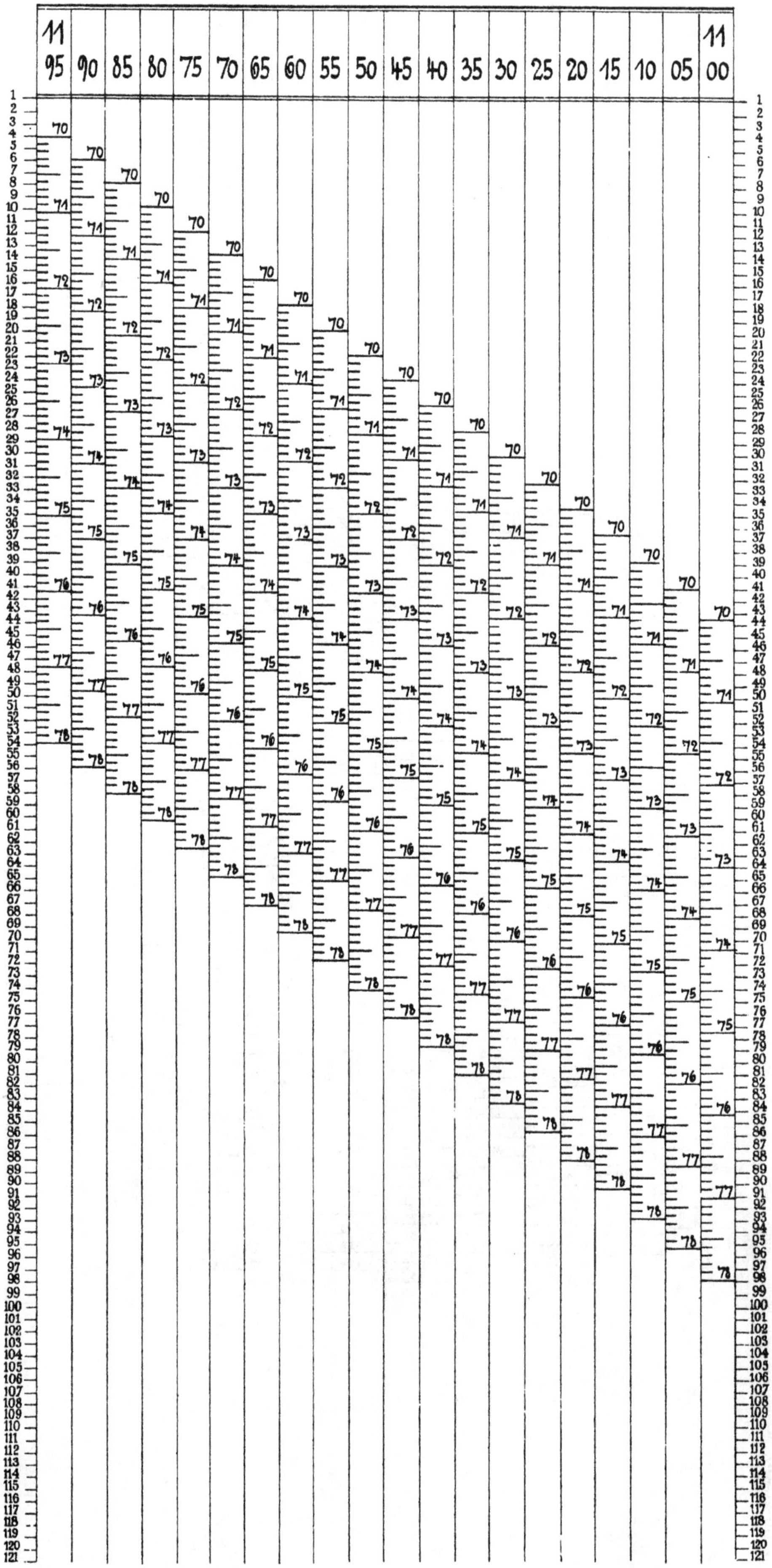
11 95
90
85
80
75
70
65
60
55
50
45
40
35
30
25
20
15
10
05
11 00

10 % (63—70 % Ausbeute)

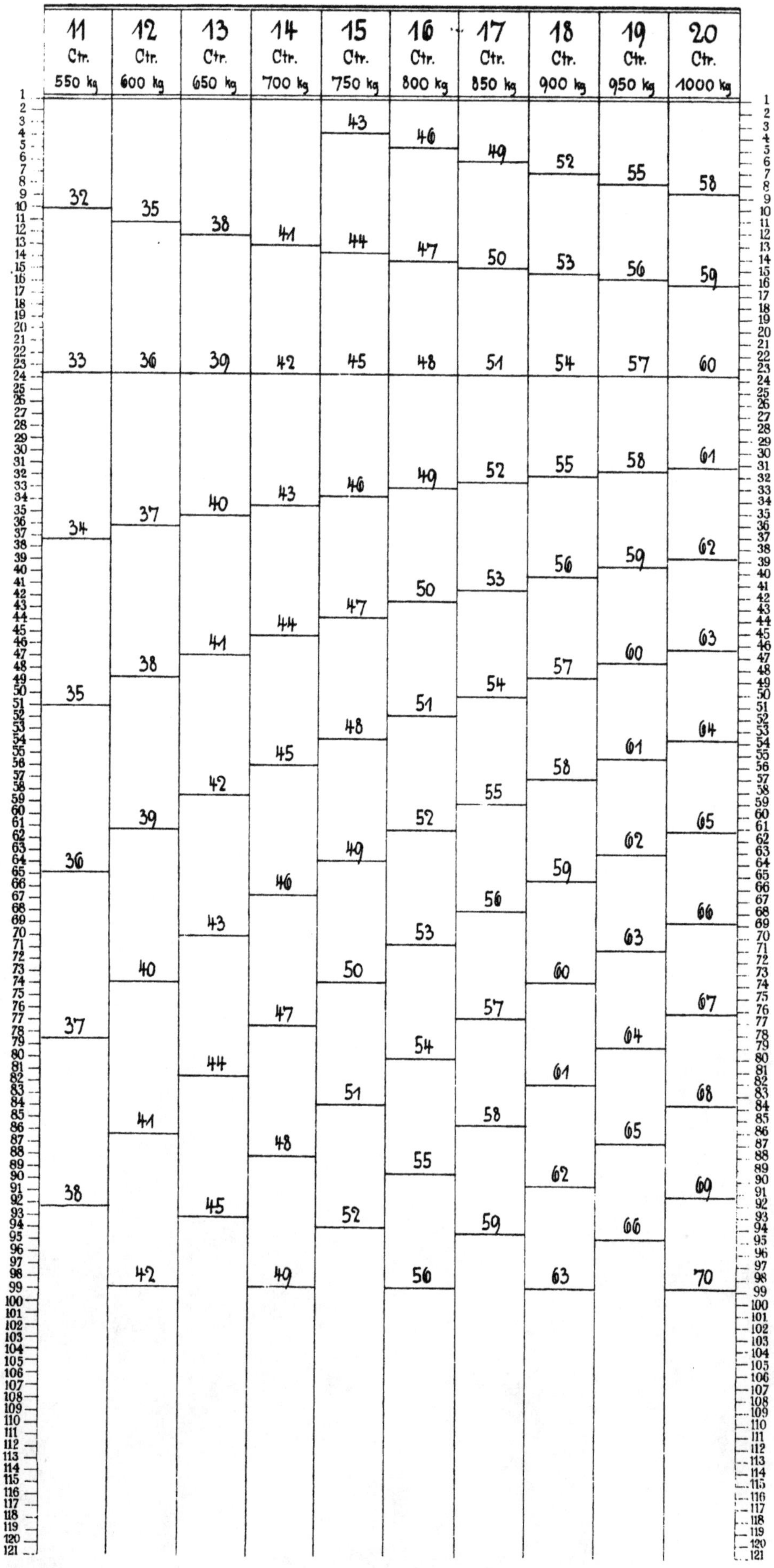
11 Ctr. 550 kg
12 Ctr. 600 kg
13 Ctr. 650 kg
14 Ctr. 700 kg
15 Ctr. 750 kg
16 Ctr. 800 kg
17 Ctr. 850 kg
18 Ctr. 900 kg
19 Ctr. 950 kg
20 Ctr. 1000 kg
32 33 34 35 36 37 38
35 36 37 38 39 40 41 42
38 39 40 41 42 43 44 45
41 42 43 44 45 46 47 48 49
43 44 45 46 47 48 49 50 51 52
46 47 48 49 50 51 52 53 54 55 56
49 50 51 52 53 54 55 56 57 58 59
52 53 54 55 56 57 58 59 60 61 62 63
55 56 57 58 59 60 61 62 63 64 65 66
58 59 60 61 62 63 64 65 66 67 68 69 70

10 % (63—70 % Ausbeute)

21 Ctr. 1050 kg	22 Ctr. 1100 kg	23 Ctr. 1150 kg	24 Ctr. 1200 kg	25 Ctr. 1250 kg	26 Ctr. 1300 kg	27 Ctr. 1350 kg	28 Ctr. 1400 kg	29 Ctr. 1450 kg	30 Ctr. 1500 kg
61	64	66	69	72	75	78	81	84	87
62	65	67	70	73	76	79	82	85	88
63	66	68	71	74	77	80	83	86	89
64	67	69	72	75	78	81	84	87	90
65	68	70	73	76	79	82	85	88	91
66	69	71	74	77	80	83	86	89	92
67	70	72	75	78	81	84	87	90	93
68	71	73	76	79	82	85	88	91	94
69	72	74	77	80	83	86	89	92	95
70	73	75	78	81	84	87	90	93	96
71	74	76	79	82	85	88	91	94	97
72	75	77	80	83	86	89	92	95	98
73	76	78	81	84	87	90	93	96	99
	77	79	82	85	88	91	94	97	100
		80	83	86	89	92	95	98	101
			84	87	90	93	96	99	102
					91	94	97	100	103
							98	101	104
									105

10 % (63—70 % Ausbeute)

31 Ctr. 1550 kg	32 Ctr. 1600 kg	33 Ctr. 1650 kg	34 Ctr. 1700 kg	35 Ctr. 1750 kg	36 Ctr. 1800 kg	37 Ctr. 1850 kg	38 Ctr. 1900 kg	39 Ctr. 1950 kg	40 Ctr. 2000 kg
89	92	95	98	101	104	107	110	112	115
90	93	96	99	102	105	108	111	113	116
91	94	97	100	103	106	109	112	114	117
92	95	98	101	104	107	110	113	115	118
93	96	99	102	105	108	111	114	116	119
94	97	100	103	106	109	112	115	117	120
95	98	101	104	107	110	113	116	118	121
96	99	102	105	108	111	114	117	119	122
97	100	103	106	109	112	115	118	120	123
98	101	104	107	110	113	116	119	121	124
99	102	105	108	111	114	117	120	122	125
100	103	106	109	112	115	118	121	123	126
101	104	107	110	113	116	119	122	124	127
102	105	108	111	114	117	120	123	125	128
103	106	109	112	115	118	121	124	126	129
104	107	110	113	116	119	122	125	127	130
105	108	111	114	117	120	123	126	128	131
106	109	112	115	118	121	124	127	129	132
107	110	113	116	119	122	125	128	130	133
108	111	114	117	120	123	126	129	131	134
	112	115	118	121	124	127	130	132	135
			119	122	125	128	131	133	136
					126	129	132	134	137
							133	135	138
								136	139
									140

10 % (63—70 % Ausbeute)

41 Ctr. 2050 kg	42 Ctr. 2100 kg	43 Ctr. 2150 kg	44 Ctr. 2200 kg	45 Ctr. 2250 kg	46 Ctr. 2300 kg	47 Ctr. 2350 kg	48 Ctr. 2400 kg	49 Ctr. 2450 kg	50 Ctr. 2500 kg
118	121	124	127	129	132	135	138	141	144
119	122	125	128	130	133	136	139	142	145
120	123	126	129	131	134	137	140	143	146
121	124	127	130	132	135	138	141	144	147
122	125	128	131	133	136	139	142	145	148
123	126	129	132	134	137	140	143	146	149
124	127	130	133	135	138	141	144	147	150
125	128	131	134	136	139	142	145	148	151
126	129	132	135	137	140	143	146	149	152
127	130	133	136	138	141	144	147	150	153
128	131	134	137	139	142	145	148	151	154
129	132	135	138	140	143	146	149	152	155
130	133	136	139	141	144	147	150	153	156
131	134	137	140	142	145	148	151	154	157
132	135	138	141	143	146	149	152	155	158
133	136	139	142	144	147	150	153	156	159
134	137	140	143	145	148	151	154	157	160
135	138	141	144	146	149	152	155	158	161
136	139	142	145	147	150	153	156	159	162
137	140	143	146	148	151	154	157	160	163
138	141	144	147	149	152	155	158	161	164
139	142	145	148	150	153	156	159	162	165
140	143	146	149	151	154	157	160	163	166
141	144	147	150	152	155	158	161	164	167
142	145	148	151	153	156	159	162	165	168
143	146	149	152	154	157	160	163	166	169
	147	150	153	155	158	161	164	167	170
			154	156	159	162	165	168	171
				157	160	163	166	169	172
					161	164	167	170	173
							168	171	174
									175

10% (63—70% Ausbeute)

	51 Ctr. 2550 kg	52 Ctr. 2600 kg	53 Ctr. 2650 kg	54 Ctr. 2700 kg	55 Ctr. 2750 kg	56 Ctr. 2800 kg	57 Ctr. 2850 kg	58 Ctr. 2900 kg	59 Ctr. 2950 kg	60 Ctr. 3000 kg	
3			152	155	158	161	164	167		173	3
5	147	150	153	156					170		5
8	148	151	154	157	159	162	165	168	171	174	8
11	149	152	155	158	160	163	166	169	172	175	11
14	150	153	156	159	161	164	167	170	173	176	14
17	151	154	157	160	162	165	168	171	174	177	17
20	152	155	158	161	163	166	169	172	175	178	20
23	153	156	159	162	164	167	170	173	176	179	23
26	154	157	160	163	165	168	171	174	177	180	26
29	155	158	161	164	166	169	172	175	178	181	29
31	156	159	162	165	167	170	173	176	179	182	31
34	157	160	163	166	168	171	174	177	180	183	34
37	158	161	164	167	169	172	175	178	181	184	37
40	159	162	165	168	170	173	176	179	182	185	40
43	160	163	166	169	171	174	177	180	183	186	43
46	161	164	167	170	172	175	178	181	184	187	46
49	162	165	168	171	173	176	179	182	185	188	49
52	163	166	169	172	174	177	180	183	186	189	52
55	164	167	170	173	175	178	181	184	187	190	55
58	165	168	171	174	176	179	182	185	188	191	58
61	166	169	172	175	177	180	183	186	189	192	61
64	167	170	173	176	178	181	184	187	190	193	64
66	168	171	174	177	179	182	185	188	191	194	66
69	169	172	175	178	180	183	186	189	192	195	69
72	170	173	176	179	181	184	187	190	193	196	72
74	171	174	177	180	182	185	188	191	194	197	74
77	172	175	178	181	183	186	189	192	195	198	77
80	173	176	179	182	184	187	190	193	196	199	80
83	174	177	180	183	185	188	191	194	197	200	83
86	175	178	181	184	186	189	192	195	198	201	86
89	176	179	182	185	187	190	193	196	199	202	89
92	177	180	183	186	188	191	194	197	200	203	92
94	178	181	184	187	189	192	195	198	201	204	94
97		182	185	188	190	193	196	199	202	205	97
				189	191	194	197	200	203	206	
					192	195	198	201	204	207	
						196	199	202	205	208	
								203	206	209	
										210

10 % (63 — 70 % Ausbeute)

61 Ctr. 3050 kg	62 Ctr. 3100 kg	63 Ctr. 3150 kg	64 Ctr. 3200 kg	65 Ctr. 3250 kg	66 Ctr. 3300 kg	67 Ctr. 3350 kg	68 Ctr. 3400 kg	69 Ctr. 3450 kg	70 Ctr 3500 kg
175	178	181	184	187	190	193	196	198	201
176	179	182	185	188	191	194	197	199	202
177	180	183	186	189	192	195	198	200	203
178	181	184	187	190	193	196	199	201	204
179	182	185	188	191	194	197	200	202	205
180	183	186	189	192	195	198	201	203	206
181	184	187	190	193	196	199	202	204	207
182	185	188	191	194	197	200	203	205	208
183	186	189	192	195	198	201	204	206	209
184	187	190	193	196	199	202	205	207	210
185	188	191	194	197	200	203	206	208	211
186	189	192	195	198	201	204	207	209	212
187	190	193	196	199	202	205	208	210	213
188	191	194	197	200	203	206	209	211	214
189	192	195	198	201	204	207	210	212	215
190	193	196	199	202	205	208	211	213	216
191	194	197	200	203	206	209	212	214	217
192	195	198	201	204	207	210	213	215	218
193	196	199	202	205	208	211	214	216	219
194	197	200	203	206	209	212	215	217	220
195	198	201	204	207	210	213	216	218	221
196	199	202	205	208	211	214	217	219	222
197	200	203	206	209	212	215	218	220	223
198	201	204	207	210	213	216	219	221	224
199	202	205	208	211	214	217	220	222	225
200	203	206	209	212	215	218	221	223	226
201	204	207	210	213	216	219	222	224	227
202	205	208	211	214	217	220	223	225	228
203	206	209	212	215	218	221	224	226	229
204	207	210	213	216	219	222	225	227	230
205	208	211	214	217	220	223	226	228	231
206	209	212	215	218	221	224	227	229	232
207	210	213	216	219	222	225	228	230	233
208	211	214	217	220	223	226	229	231	234
209	212	215	218	221	224	227	230	232	235
210	213	216	219	222	225	228	231	233	236
211	214	217	220	223	226	229	232	234	237
212	215	218	221	224	227	230	233	235	238
213	216	219	222	225	228	231	234	236	239
	217	220	223	226	229	232	235	237	240
			224	227	230	233	236	238	241
					231	234	237	239	242
							238	240	243
								241	244
									245

10 % (63—70 % Ausbeute)

71 Ctr. 3550 kg	72 Ctr. 3600 kg	73 Ctr. 3650 kg	74 Ctr. 3700 kg	75 Ctr. 3750 kg	76 Ctr. 3800 kg	77 Ctr. 3850 kg	78 Ctr. 3900 kg	79 Ctr. 3950 kg	80 Ctr. 4000 kg
204	207	210	213	216	218	221	224	227	230
205	208	211	214	217	219	222	225	228	231
206	209	212	215	218	220	223	226	229	232
207	210	213	216	219	221	224	227	230	233
208	211	214	217	220	222	225	228	231	234
209	212	215	218	221	223	226	229	232	235
210	213	216	219	222	224	227	230	233	236
211	214	217	220	223	225	228	231	234	237
212	215	218	221	224	226	229	232	235	238
213	216	219	222	225	227	230	233	236	239
214	217	220	223	226	228	231	234	237	240
215	218	221	224	227	229	232	235	238	241
216	219	222	225	228	230	233	236	239	242
217	220	223	226	229	231	234	237	240	243
218	221	224	227	230	232	235	238	241	244
219	222	225	228	231	233	236	239	242	245
220	223	226	229	232	234	237	240	243	246
221	224	227	230	233	235	238	241	244	247
222	225	228	231	234	236	239	242	245	248
223	226	229	232	235	237	240	243	246	249
224	227	230	233	236	238	241	244	247	250
225	228	231	234	237	239	242	245	248	251
226	229	232	235	238	240	243	246	249	252
227	230	233	236	239	241	244	247	250	253
228	231	234	237	240	242	245	248	251	254
229	232	235	238	241	243	246	249	252	255
230	233	236	239	242	244	247	250	253	256
231	234	237	240	243	245	248	251	254	257
232	235	238	241	244	246	249	252	255	258
233	236	239	242	245	247	250	253	256	259
234	237	240	243	246	248	251	254	257	260
235	238	241	244	247	249	252	255	258	261
236	239	242	245	248	250	253	256	259	262
237	240	243	246	249	251	254	257	260	263
238	241	244	247	250	252	255	258	261	264
239	242	245	248	251	253	256	259	262	265
240	243	246	249	252	254	257	260	263	266
241	244	247	250	253	255	258	261	264	267
242	245	248	251	254	256	259	262	265	268
243	246	249	252	255	257	260	263	266	269
244	247	250	253	256	258	261	264	267	270
245	248	251	254	257	259	262	265	268	271
246	249	252	255	258	260	263	266	269	272
247	250	253	256	259	261	264	267	270	273
248	251	254	257	260	262	265	268	271	274
	252	255	258	261	263	266	269	272	275
			259	262	264	267	270	273	276
					265	268	271	274	277
					266	269	272	275	278
							273	276	279
									280

10 % (63—70 % Ausbeute)

81 Ctr. 4050 kg	82 Ctr. 4100 kg	83 Ctr. 4150 kg	84 Ctr. 4200 kg	85 Ctr. 4250 kg	86 Ctr. 4300 kg	87 Ctr. 4350 kg	88 Ctr. 4400 kg	89 Ctr. 4450 kg	90 Ctr. 4500 kg
233	236	239	241	244	247	250	253	256	259
234	237	240	242	245	248	251	254	257	260
235	238	241	243	246	249	252	255	258	261
236	239	242	244	247	250	253	256	259	262
237	240	243	245	248	251	254	257	260	263
238	241	244	246	249	252	255	258	261	264
239	242	245	247	250	253	256	259	262	265
240	243	246	248	251	254	257	260	263	266
241	244	247	249	252	255	258	261	264	267
242	245	248	250	253	256	259	262	265	268
243	246	249	251	254	257	260	263	266	269
244	247	250	252	255	258	261	264	267	270
245	248	251	253	256	259	262	265	268	271
246	249	252	254	257	260	263	266	269	272
247	250	253	255	258	261	264	267	270	273
248	251	254	256	259	262	265	268	271	274
249	252	255	257	260	263	266	269	272	275
250	253	256	258	261	264	267	270	273	276
251	254	257	259	262	265	268	271	274	277
252	255	258	260	263	266	269	272	275	278
253	256	259	261	264	267	270	273	276	279
254	257	260	262	265	268	271	274	277	280
255	258	261	263	266	269	272	275	278	281
256	259	262	264	267	270	273	276	279	282
257	260	263	265	268	271	274	277	280	283
258	261	264	266	269	272	275	278	281	284
259	262	265	267	270	273	276	279	282	285
260	263	266	268	271	274	277	280	283	286
261	264	267	269	272	275	278	281	284	287
262	265	268	270	273	276	279	282	285	288
263	266	269	271	274	277	280	283	286	289
264	267	270	272	275	278	281	284	287	290
265	268	271	273	276	279	282	285	288	291
266	269	272	274	277	280	283	286	289	292
267	270	273	275	278	281	284	287	290	293
268	271	274	276	279	282	285	288	291	294
269	272	275	277	280	283	286	289	292	295
270	273	276	278	281	284	287	290	293	296
271	274	277	279	282	285	288	291	294	297
272	275	278	280	283	286	289	292	295	298
273	276	279	281	284	287	290	293	296	299
274	277	280	282	285	288	291	294	297	300
275	278	281	283	286	289	292	295	298	301
276	279	282	284	287	290	293	296	299	302
277	280	283	285	288	291	294	297	300	303
278	281	284	286	289	292	295	298	301	304
279	282	285	287	290	293	296	299	302	305
280	283	286	288	291	294	297	300	303	306
281	284	287	289	292	295	298	301	304	307
282	285	288	290	293	296	299	302	305	308
283	286	289	291	294	297	300	303	306	309
	287	290	292	295	298	301	304	307	310
			293	296	299	302	305	308	311
			294	297	300	303	306	309	312
					301	304	307	310	313
							308	311	314
									315

10 % (63—70 % Ausbeute)

91 Ctr. 4550 kg	92 Ctr. 4600 kg	93 Ctr. 4650 kg	94 Ctr. 4700 kg	95 Ctr. 4750 kg	96 Ctr. 4800 kg	97 Ctr. 4850 kg	98 Ctr. 4900 kg	99 Ctr. 4950 kg	100 Ctr. 5000 kg
261	264	267	270	273	276	279	282	285	287
262	265	268	271	274	277	280	283	286	288
263	266	269	272	275	278	281	284	287	289
264	267	270	273	276	279	282	285	288	290
265	268	271	274	277	280	283	286	289	291
266	269	272	275	278	281	284	287	290	292
267	270	273	276	279	282	285	288	291	293
268	271	274	277	280	283	286	289	292	294
269	272	275	278	281	284	287	290	293	295
270	273	276	279	282	285	288	291	294	296
271	274	277	280	283	286	289	292	295	297
272	275	278	281	284	287	290	293	296	298
273	276	279	282	285	288	291	294	297	299
274	277	280	283	286	289	292	295	298	300
275	278	281	284	287	290	293	296	299	301
276	279	282	285	288	291	294	297	300	302
277	280	283	286	289	292	295	298	301	303
278	281	284	287	290	293	296	299	302	304
279	282	285	288	291	294	297	300	303	305
280	283	286	289	292	295	298	301	304	306
281	284	287	290	293	296	299	302	305	307
282	285	288	291	294	297	300	303	306	308
283	286	289	292	295	298	301	304	307	309
284	287	290	293	296	299	302	305	308	310
285	288	291	294	297	300	303	306	309	311
286	289	292	295	298	301	304	307	310	312
287	290	293	296	299	302	305	308	311	313
288	291	294	297	300	303	306	309	312	314
289	292	295	298	301	304	307	310	313	315
290	293	296	299	302	305	308	311	314	316
291	294	297	300	303	306	309	312	315	317
292	295	298	301	304	307	310	313	316	318
293	296	299	302	305	308	311	314	317	319
294	297	300	303	306	309	312	315	318	320
295	298	301	304	307	310	313	316	319	321
296	299	302	305	308	311	314	317	320	322
297	300	303	306	309	312	315	318	321	323
298	301	304	307	310	313	316	319	322	324
299	302	305	308	311	314	317	320	323	325
300	303	306	309	312	315	318	321	324	326
301	304	307	310	313	316	319	322	325	327
302	305	308	311	314	317	320	323	326	328
303	306	309	312	315	318	321	324	327	329
304	307	310	313	316	319	322	325	328	330
305	308	311	314	317	320	323	326	329	331
306	309	312	315	318	321	324	327	330	332
307	310	313	316	319	322	325	328	331	333
308	311	314	317	320	323	326	329	332	334
309	312	315	318	321	324	327	330	333	335
310	313	316	319	322	325	328	331	334	336
311	314	317	320	323	326	329	332	335	337
312	315	318	321	324	327	330	333	336	338
313	316	319	322	325	328	331	334	337	339
314	317	320	323	326	329	332	335	338	340
315	318	321	324	327	330	333	336	339	341
316	319	322	325	328	331	334	337	340	342
317	320	323	326	329	332	335	338	341	343
318	321	324	327	330	333	336	339	342	344
	322	325	328	331	334	337	340	343	345
			329	332	335	338	341	344	346
					336	339	342	345	347
							343	346	348
									349
									350

10.95 — 10.00 % Bllg. 63 — 70 % Ausbeute.

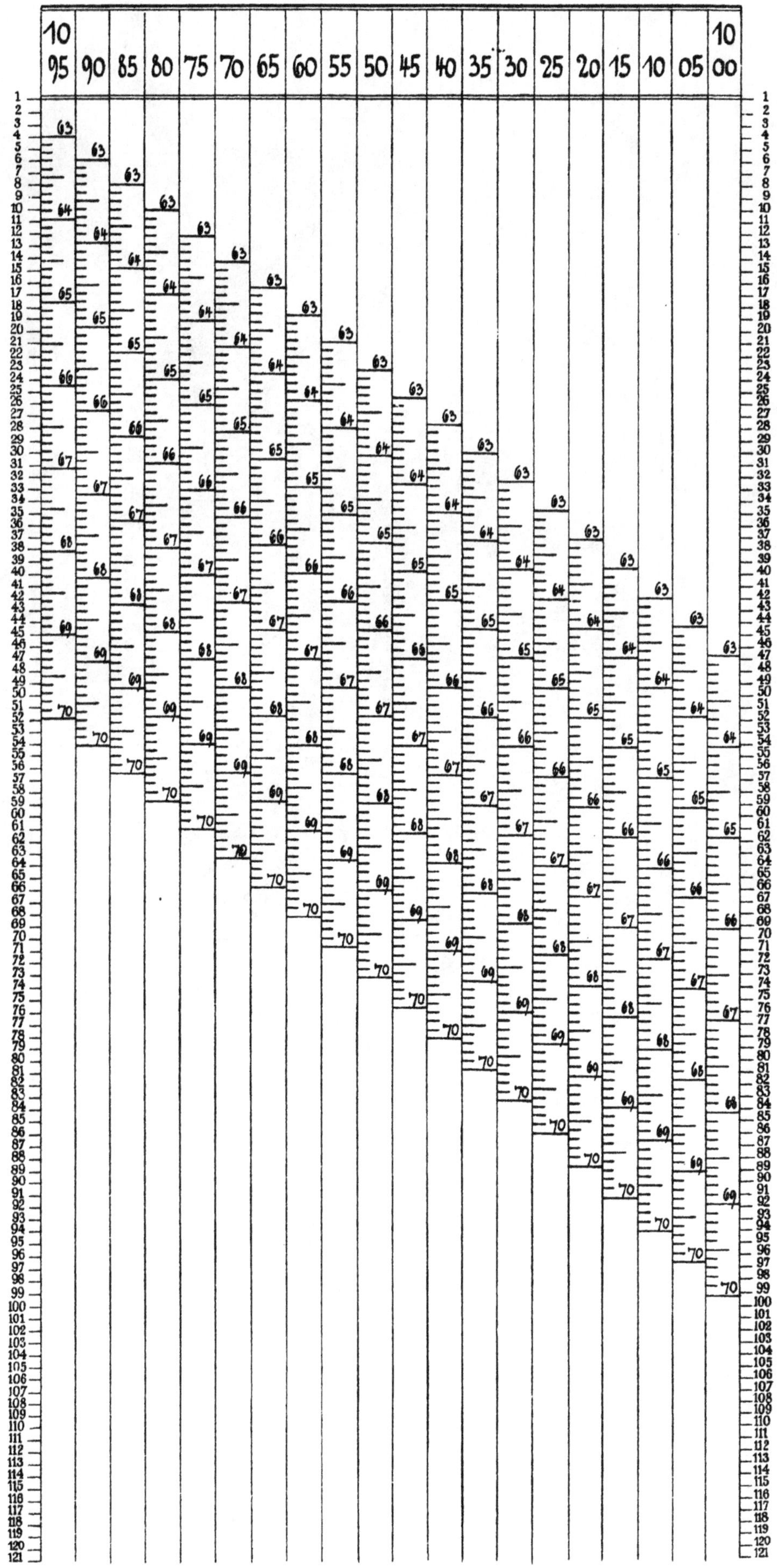
10 95
90
85
80
75
70
65
60
55
50
45
40
35
30
25
20
15
10
05
10 00
63
64
65
66
67
68
69
70

Zeile	11 Ctr. 550 kg	12 Ctr. 600 kg	13 Ctr. 650 kg	14 Ctr. 700 kg	15 Ctr. 750 kg	16 Ctr. 800 kg	17 Ctr. 850 kg	18 Ctr. 900 kg	19 Ctr. 950 kg	20 Ctr. 1000 kg
2	35									
3						51				
4					48					64
6				45					61	
8								58		
9			42							
10							55			
12		39				52				65
14									62	
15					49					
16	36									
17				46				59		
19							56			
20			43							66
22						53			63	
24		40								
25								60		
26					50					
27										67
28				47			57			
29	37								64	
32			44			54				
33								61		
35										68
36					51					
37		41					58			
38				48					65	
41						55		62		
42										69
43	38									
44			45							
45					52				66	
46							59			
49		42		49				63		
50						56				70
53					53		60			
55									67	
56			46							
57	39									
58								64		
59						57				
60				50						
61		43							68	
63							61			
65					54					72
66								65		
67			47							
68						58				
70	40								69	
71				51						
72							62			
73										73
74		44								
75					55			66		
78						59			70	
79			48							
80										74
81							63			
82				52						
84	41							67		
85					56					
86									71	
87		45								
88						60				75
90			49				64			
92				53				68		
93									72	
95					57					76
97	42					61				
99							65			
100		46						69		
101									73	
102			50							
103										77
104				54						
105					58					
106						62				
107							66			
108								70		
110									74	
111	43									78
112		47								

10 % (70—78 % Ausbeute)

Nr.	21 Ctr. 1050 kg	22 Ctr. 1100 kg	23 Ctr. 1150 kg	24 Ctr. 1200 kg	25 Ctr. 1250 kg	26 Ctr. 1300 kg	27 Ctr. 1350 kg	28 Ctr. 1400 kg	29 Ctr. 1450 kg	30 Ctr. 1500 kg	Nr.
3							86				3
4	67					83					4
5					80					96	5
6				77					93		6
7			74					90			7
9		71					87				9
10						84				97	10
11	68								94		11
12					81						12
13				78				91			13
14			75								14
15							88			98	15
16		72				85			95		16
17					82						17
18	69			79							18
19								92			19
20			76				89			99	20
21						86			96		21
23		73			83						23
24								93			24
25	70			80						100	25
27			77			87			97		27
29					84						29
30		74					91	94			30
31				81						101	31
32	71								98		32
33						88					33
34			78								34
35					85					102	35
36		75									36
37				82			92	95			37
38						89					38
39	72								99		39
40			79							103	40
41					86						41
42		76									42
43				83			93		100		43
44						90					44
45										104	45
46	73							97			46
47			80		87				101		47
48							94				48
50		77		84		91		98		105	50
53	74				88		95		102		53
54			81								54
56		78		85						106	56
57								99			57
58						92					58
59					89		96		103		59
60			82								60
61	75									107	61
62				86							62
64		79						100	104		64
65						93	97				65
66			83		90					108	66
68	76			87							68
69						94			105		69
70		80					98			109	70
71					91			101			71
73			84			95					73
74									106		74
75	77									110	75
77		81			92			102			77
78						96			107		78
79			85				99				79
81										111	81
82	78			89				103			82
83					93						83
84		82					100				84
85						97			108		85
86			86							112	86
88				90							88
89	79				94			104	109		89
91		83		91		98					91
92			87				101			113	92
94								105			94
95					95				110		95
96	80					99					96
97		84					102				97
98			88								98
99				92				106	111	114	99
100						100					100
101					96		103			115	101
104	81	85						107	112		104
105			89	93							105
106					97	101			116		106
108								108			108
110	82						105	109	113	117	110
111		86									111
112			90	94							112

10 % (70—78 % Ausbeute)

31 Ctr. 1550 kg	32 Ctr. 1600 kg	33 Ctr. 1650 kg	34 Ctr. 1700 kg	35 Ctr. 1750 kg	36 Ctr. 1800 kg	37 Ctr. 1850 kg	38 Ctr. 1900 kg	39 Ctr. 1950 kg	40 Ctr. 2000 kg
99	102	105	109	112	115	118	121	125	128
100	103	106	110	113	116	119	122	126	129
101	104	107	111	114	117	120	123	127	130
102	105	108	112	115	118	121	124	128	131
103	106	109	113	116	119	122	125	129	132
104	107	110	114	117	120	123	126	130	133
105	108	111	115	118	121	124	127	131	134
106	109	112	116	119	122	125	128	132	135
107	110	113	117	120	123	126	129	133	136
108	111	114	118	121	124	127	130	134	137
109	112	115	119	122	125	128	131	135	138
110	113	116	120	123	126	129	132	136	139
111	114	117	121	124	127	130	133	137	140
112	115	118	122	125	128	131	134	138	141
113	116	119	123	126	129	132	135	139	142
114	117	120	124	127	130	133	136	140	143
115	118	121	125	128	131	134	137	141	144
116	119	122	126	129	132	135	138	142	145
117	120	123	127	130	133	136	139	143	146
118	121	124	128	131	134	137	140	144	147
119	122	125	129	132	135	138	141	145	148
120	123	126	130	133	136	139	142	146	149
121	124	127	131	134	137	140	143	147	150
	125	128	132	135	138	141	144	148	151
		129	133	136	139	142	145	149	152
					140	143	146	150	153
						144	147	151	154
							148	152	155
									156

10 % (70 – 78 % Ausbeute)

41 Ctr. 2050 kg	42 Ctr. 2100 kg	43 Ctr. 2150 kg	44 Ctr. 2200 kg	45 Ctr. 2250 kg	46 Ctr. 2300 kg	47 Ctr. 2350 kg	48 Ctr. 2400 kg	49 Ctr. 2450 kg	50 Ctr. 2500 kg
131	134	137	141	144	147	150	153	157	160
132	135	138	142	145	148	151	154	158	161
133	136	139	143	146	149	152	155	159	162
134	137	140	144	147	150	153	156	160	163
135	138	141	145	148	151	154	157	161	164
136	139	142	146	149	152	155	158	162	165
137	140	143	147	150	153	156	159	163	166
138	141	144	148	151	154	157	160	164	167
139	142	145	149	152	155	158	161	165	168
140	143	146	150	153	156	159	162	166	169
141	144	147	151	154	157	160	163	167	170
142	145	148	152	155	158	161	164	168	171
143	146	149	153	156	159	162	165	169	172
144	147	150	154	157	160	163	166	170	173
145	148	151	155	158	161	164	167	171	174
146	149	152	156	159	162	165	168	172	175
147	150	153	157	160	163	166	169	173	176
148	151	154	158	161	164	167	170	174	177
149	152	155	159	162	165	168	171	175	178
150	153	156	160	163	166	169	172	176	179
151	154	157	161	164	167	170	173	177	180
152	155	158	162	165	168	171	174	178	181
153	156	159	163	166	169	172	175	179	182
154	157	160	164	167	170	173	176	180	183
155	158	161	165	168	171	174	177	181	184
156	159	162	166	169	172	175	178	182	185
157	160	163	167	170	173	176	179	183	186
158	161	164	168	171	174	177	180	184	187
159	162	165	169	172	175	178	181	185	188
160	163	166	170	173	176	179	182	186	189
	164	167	171	174	177	180	183	187	190
		168	172	175	178	181	184	188	191
					179	182	185	189	192
						183	186	190	193
							187	191	194
									195

10 % (70 — 78 % Ausbeute)

51 Ctr. 2550 kg	52 Ctr. 2600 kg	53 Ctr. 2650 kg	54 Ctr. 2700 kg	55 Ctr. 2750 kg	56 Ctr. 2800 kg	57 Ctr. 2850 kg	58 Ctr. 2900 kg	59 Ctr. 2950 kg	60 Ctr. 3000 kg
163	166	169	173	176	179	182	185	188	191
164	167	170	174	177	180	183	186	189	192
165	168	171	175	178	181	184	187	190	193
166	169	172	176	179	182	185	188	191	194
167	170	173	177	180	183	186	189	192	195
168	171	174	178	181	184	187	190	193	196
169	172	175	179	182	185	188	191	194	197
170	173	176	180	183	186	189	192	195	198
171	174	177	181	184	187	190	193	196	199
172	175	178	182	185	188	191	194	197	200
173	176	179	183	186	189	192	195	198	201
174	177	180	184	187	190	193	196	199	202
175	178	181	185	188	191	194	197	200	203
176	179	182	186	189	192	195	198	201	204
177	180	183	187	190	193	196	199	202	205
178	181	184	188	191	194	197	200	203	206
179	182	185	189	192	195	198	201	204	207
180	183	186	190	193	196	199	202	205	208
181	184	187	191	194	197	200	203	206	209
182	185	188	192	195	198	201	204	207	210
183	186	189	193	196	199	202	205	208	211
184	187	190	194	197	200	203	206	209	212
185	188	191	195	198	201	204	207	210	213
186	189	192	196	199	202	205	208	211	214
187	190	193	197	200	203	206	209	212	215
188	191	194	198	201	204	207	210	213	216
189	192	195	199	202	205	208	211	214	217
190	193	196	200	203	206	209	212	215	218
191	194	197	201	204	207	210	213	216	219
192	195	198	202	205	208	211	214	217	220
193	196	199	203	206	209	212	215	218	221
194	197	200	204	207	210	213	216	219	222
195	198	201	205	208	211	214	217	220	223
196	199	202	206	209	212	215	218	221	224
197	200	203	207	210	213	216	219	222	225
198	201	204	208	211	214	217	220	223	226
199	202	205	209	212	215	218	221	224	227
	203	206	210	213	216	219	222	225	228
		207	211	214	217	220	223	226	229
				215	218	221	224	227	230
					219	222	225	228	231
						223	226	229	232
							227	230	233
									234

10 % (70 — 78 % Ausbeute)

61 Ctr. 3050 kg	62 Ctr. 3100 kg	63 Ctr. 3150 kg	64 Ctr. 3200 kg	65 Ctr. 3250 kg	66 Ctr. 3300 kg	67 Ctr. 3350 kg	68 Ctr. 3400 kg	69 Ctr. 3450 kg	70 Ctr. 3500 kg
195	198	201	204	207	211	214	217	220	223
196	199	202	205	208	212	215	218	221	224
197	200	203	206	209	213	216	219	222	225
198	201	204	207	210	214	217	220	223	226
199	202	205	208	211	215	218	221	224	227
200	203	206	209	212	216	219	222	225	228
201	204	207	210	213	217	220	223	226	229
202	205	208	211	214	218	221	224	227	230
203	206	209	212	215	219	222	225	228	231
204	207	210	213	216	220	223	226	229	232
205	208	211	214	217	221	224	227	230	233
206	209	212	215	218	222	225	228	231	234
207	210	213	216	219	223	226	229	232	235
208	211	214	217	220	224	227	230	233	236
209	212	215	218	221	225	228	231	234	237
210	213	216	219	222	226	229	232	235	238
211	214	217	220	223	227	230	233	236	239
212	215	218	221	224	228	231	234	237	240
213	216	219	222	225	229	232	235	238	241
214	217	220	223	226	230	233	236	239	242
215	218	221	224	227	231	234	237	240	243
216	219	222	225	228	232	235	238	241	244
217	220	223	226	229	233	236	239	242	245
218	221	224	227	230	234	237	240	243	246
219	222	225	228	231	235	238	241	244	247
220	223	226	229	232	236	239	242	245	248
221	224	227	230	233	237	240	243	246	249
222	225	228	231	234	238	241	244	247	250
223	226	229	232	235	239	242	245	248	251
224	227	230	233	236	240	243	246	249	252
225	228	231	234	237	241	244	247	250	253
226	229	232	235	238	242	245	248	251	254
227	230	233	236	239	243	246	249	252	255
228	231	234	237	240	244	247	250	253	256
229	232	235	238	241	245	248	251	254	257
230	233	236	239	242	246	249	252	255	258
231	234	237	240	243	247	250	253	256	259
232	235	238	241	244	248	251	254	257	260
233	236	239	242	245	249	252	255	258	261
234	237	240	243	246	250	253	256	259	262
235	238	241	244	247	251	254	257	260	263
236	239	242	245	248	252	255	258	261	264
237	240	243	246	249	253	256	259	262	265
238	241	244	247	250	254	257	260	263	266
	242	245	248	251	255	258	261	264	267
		246	249	252	256	259	262	265	268
			250	253	257	260	263	266	269
				254	258	261	264	267	270
							265	268	271
								269	272
									273

10 % (70—78 % Ausbeute)

71 Ctr. 3550 kg	72 Ctr. 3600 kg	73 Ctr. 3650 kg	74 Ctr. 3700 kg	75 Ctr. 3750 kg	76 Ctr. 3800 kg	77 Ctr. 3850 kg	78 Ctr. 3900 kg	79 Ctr. 3950 kg	80 Ctr. 4000 kg
226	230	233	236	239	242	246	249	252	255
227	231	234	237	240	243	247	250	253	256
228	232	235	238	241	244	248	251	254	257
229	233	236	239	242	245	249	252	255	258
230	234	237	240	243	246	250	253	256	259
231	235	238	241	244	247	251	254	257	260
232	236	239	242	245	248	252	255	258	261
233	237	240	243	246	249	253	256	259	262
234	238	241	244	247	250	254	257	260	263
235	239	242	245	248	251	255	258	261	264
236	240	243	246	249	252	256	259	262	265
237	241	244	247	250	253	257	260	263	266
238	242	245	248	251	254	258	261	264	267
239	243	246	249	252	255	259	262	265	268
240	244	247	250	253	256	260	263	266	269
241	245	248	251	254	257	261	264	267	270
242	246	249	252	255	258	262	265	268	271
243	247	250	253	256	259	263	266	269	272
244	248	251	254	257	260	264	267	270	273
245	249	252	255	258	261	265	268	271	274
246	250	253	256	259	262	266	269	272	275
247	251	254	257	260	263	267	270	273	276
248	252	255	258	261	264	268	271	274	277
249	253	256	259	262	265	269	272	275	278
250	254	257	260	263	266	270	273	276	279
251	255	258	261	264	267	271	274	277	280
252	256	259	262	265	268	272	275	278	281
253	257	260	263	266	269	273	276	279	282
254	258	261	264	267	270	274	277	280	283
255	259	262	265	268	271	275	278	281	284
256	260	263	266	269	272	276	279	282	285
257	261	264	267	270	273	277	280	283	286
258	262	265	268	271	274	278	281	284	287
259	263	266	269	272	275	279	282	285	288
260	264	267	270	273	276	280	283	286	289
261	265	268	271	274	277	281	284	287	290
262	266	269	272	275	278	282	285	288	291
263	267	270	273	276	279	283	286	289	292
264	268	271	274	277	280	284	287	290	293
265	269	272	275	278	281	285	288	291	294
266	270	273	276	279	282	286	289	292	295
267	271	274	277	280	283	287	290	293	296
268	272	275	278	281	284	288	291	294	297
269	273	276	279	282	285	289	292	295	298
270	274	277	280	283	286	290	293	296	299
271	275	278	281	284	287	291	294	297	300
272	276	279	282	285	288	292	295	298	301
273	277	280	283	286	289	293	296	299	302
274	278	281	284	287	290	294	297	300	303
275	279	282	285	288	291	295	298	301	304
276	280	283	286	289	292	296	299	302	305
		284	287	290	293	297	300	303	306
			288	291	294	298	301	304	307
				292	295	299	302	305	308
					296	300	303	306	309
							304	307	310
								308	311
									312

10 % (70—78% Ausbeute)

81 Ctr. 4050 kg	82 Ctr. 4100 kg	83 Ctr. 4150 kg	84 Ctr. 4200 kg	85 Ctr. 4250 kg	86 Ctr. 4300 kg	87 Ctr. 4350 kg	88 Ctr. 4400 kg	89 Ctr. 4450 kg	90 Ctr. 4500 kg
258	262	265	268	271	274	278	281	284	287
259	263	266	269	272	275	279	282	285	288
260	264	267	270	273	276	280	283	286	289
261	265	268	271	274	277	281	284	287	290
262	266	269	272	275	278	282	285	288	291
263	267	270	273	276	279	283	286	289	292
264	268	271	274	277	280	284	287	290	293
265	269	272	275	278	281	285	288	291	294
266	270	273	276	279	282	286	289	292	295
267	271	274	277	280	283	287	290	293	296
268	272	275	278	281	284	288	291	294	297
269	273	276	279	282	285	289	292	295	298
270	274	277	280	283	286	290	293	296	299
271	275	278	281	284	287	291	294	297	300
272	276	279	282	285	288	292	295	298	301
273	277	280	283	286	289	293	296	299	302
274	278	281	284	287	290	294	297	300	303
275	279	282	285	288	291	295	298	301	304
276	280	283	286	289	292	296	299	302	305
277	281	284	287	290	293	297	300	303	306
278	282	285	288	291	294	298	301	304	307
279	283	286	289	292	295	299	302	305	308
280	284	287	290	293	296	300	303	306	309
281	285	288	291	294	297	301	304	307	310
282	286	289	292	295	298	302	305	308	311
283	287	290	293	296	299	303	306	309	312
284	288	291	294	297	300	304	307	310	313
285	289	292	295	298	301	305	308	311	314
286	290	293	296	299	302	306	309	312	315
287	291	294	297	300	303	307	310	313	316
288	292	295	298	301	304	308	311	314	317
289	293	296	299	302	305	309	312	315	318
290	294	297	300	303	306	310	313	316	319
291	295	298	301	304	307	311	314	317	320
292	296	299	302	305	308	312	315	318	321
293	297	300	303	306	309	313	316	319	322
294	298	301	304	307	310	314	317	320	323
295	299	302	305	308	311	315	318	321	324
296	300	303	306	309	312	316	319	322	325
297	301	304	307	310	313	317	320	323	326
298	302	305	308	311	314	318	321	324	327
299	303	306	309	312	315	319	322	325	328
300	304	307	310	313	316	320	323	326	329
301	305	308	311	314	317	321	324	327	330
302	306	309	312	315	318	322	325	328	331
303	307	310	313	316	319	323	326	329	332
304	308	311	314	317	320	324	327	330	333
305	309	312	315	318	321	325	328	331	334
306	310	313	316	319	322	326	329	332	335
307	311	314	317	320	323	327	330	333	336
308	312	315	318	321	324	328	331	334	337
309	313	316	319	322	325	329	332	335	338
310	314	317	320	323	326	330	333	336	339
311	315	318	321	324	327	331	334	337	340
312	316	319	322	325	328	332	335	338	341
313	317	320	323	326	329	333	336	339	342
314	318	321	324	327	330	334	337	340	343
315	319	322	325	328	331	335	338	341	344
316	320	323	326	329	332	336	339	342	345
		324	327	330	333	337	340	343	346
			328	331	334	338	341	344	347
				332	335	339	342	345	348
					336		343	346	349
								347	350
									351

10 % (70—78 % Ausbeute)

Nr.	91 Ctr. 4550 kg	92 Ctr. 4600 kg	93 Ctr. 4650 kg	94 Ctr. 4700 kg	95 Ctr. 4750 kg	96 Ctr. 4800 kg	97 Ctr. 4850 kg	98 Ctr. 4900 kg	99 Ctr. 4950 kg	100 Ctr. 5000 kg	Nr.
1											1
2											2
3	290					306	309				3
4				300	303			313	316	319	4
5	291	294				307	310				5
6	292		297	301	304	308	311	314	317	320	6
7		295		302	305			315	318	321	7
8	293	296	298			309	312				8
9			299	303	306	310	313	316	319	322	9
10	294	297		304	307			317	320	323	10
11	295		300			311	314				11
12		298	301	305	308	312	315	318	321	324	12
13	296	299			309			319	322	325	13
14			302	306		313	316				14
15	297	300		307	310		317	320	323	326	15
16	298	301	303			314		321	324	327	16
17			304	308	311	315	318				17
18	299	302		309	312		319	322	325	328	18
19			305			316		323	326	329	19
20	300	303	306	310	313	317	320				20
21	301	304			314			324	327	330	21
22			307	311		318	321	325	328	331	22
23	302	305		312	315	319	322				23
24			308		316			326	329	332	24
25	303	306	309	313		320	323	327	330	333	25
26	304	307		314	317	321	324				26
27			310					328	331	334	27
28	305	308	311	315	318	322	325	329	332	335	28
29		309			319		326				29
30	306		312	316		323		330	333	336	30
31	307	310	313	317	320	324	327		334	337	31
32					321		328	331			32
33	308	311	314	318		325		332	335	338	33
34		312		319	322	326	329		336	339	34
35	309		315		323		330	333			35
36	310	313	316	320		327		334	337	340	36
37					324	328	331		338	341	37
38	311	314	317	321			332	335			38
39		315	318	322	325	329		336	339	342	39
40	312				326		333		340	343	40
41	313	316	319	323		330		337			41
42				324	327	331	334	338	341	344	42
43	314	317	320		328		335		342	345	43
44	315	318	321	325		332		339			44
45					329	333	336	340	343	346	45
46	316	319	322	326	330		337		344	347	46
47		320	323	327		334		341			47
48	317				331	335	338	342	345	348	48
49		321	324	328			339		346	349	49
50	318			329	332	336		343			50
51	319	322	325		333		340	344	347	350	51
52		323	326	330		337	341		348	351	52
53	320			331	334	338		345			53
54	321	324	327		335		342	346	349	352	54
55			328	332		339	343		350	353	55
56	322	325			336	340		347			56
57		326	329	333	337		344		351	354	57
58	323			334		341		348		355	58
59	324	327	330		338	342	345	349	352		59
60		328	331	335			346		353	356	60
61	325			336	339	343		350		357	61
62		329	332		340	344	347	351	354		62
63	326		333	337			348		355	358	63
64	327	330			341	345		352		359	64
65		331	334	338	342		349	353	356		65
66	328		335	339		346	350		357	360	66
67		332			343	347		354		361	67
68	329		336	340			351	355	358		68
69	330	333		341	344	348	352		359	362	69
70		334	337		345	349		356	360	363	70
71	331		338	342			353	357			71
72		335			346	350	354		361	364	72
73	332	336	339	343	347	351		358		365	73
74	333		340	344			355	359	362		74
75		337		345	348	352			363	366	75
76	334		341	346	349		356	360		367	76
77		338				353	357	361	364		77
78	335	339	342	347	350	354			365	368	78
79	336		343				358	362		369	79
80		340		348	351	355	359		366		80
81	337		344	349		356		363	367	370	81
82		341	345		352		360	364		371	82
83	338	342		350	353	357	361	365	368		83
84	339		346	351	354	358			369	372	84
85		343					362	366		373	85
86	340		347	352	355	359	363		370		86
87		344	348		356			367	371	374	87
88	341	345		353		360	364	368		375	88
89	342		349		357	361	365		372		89
90		346	350	354				369	373	376	90
91	343	347		355	358	362	366	370		377	91
92			351	356	359	363	367		374		92
93	344	348						371	375	378	93
94	345		352	357	360	364	368	372		379	94
95		349	353		361	365			376		95
96	346	350		358		366	369	373		380	96
97		351	354	359	362		370	374		381	97
98	347		355		363	367			378		98
99	348	352		360		368	371	375	379	382	99
100		353	356	361	364		372	376		383	100
101	349	354	357			369			380		101
102					365		373	377	381	384	102
103	350		358	362	366	370	374	378		385	103
104	351	355							382		104
105			359	363	367	371	375	379	383	386	105
106	352	356	360	364	368	372	376	380		387	106
107									384		107
108	353	357	361	365	369	373	377	381	385	388	108
109	354	358	362	366	370	374	378	382		389	109
110									386		110
111	355	359	363	367	371	375	379	383		390	111
112											112
113											113
114											114
115											115
116											116
117											117
118											118
119											119
120											120
121											121

10.95 – 10.00 % Bllg. 70 – 78 % Ausbeute.

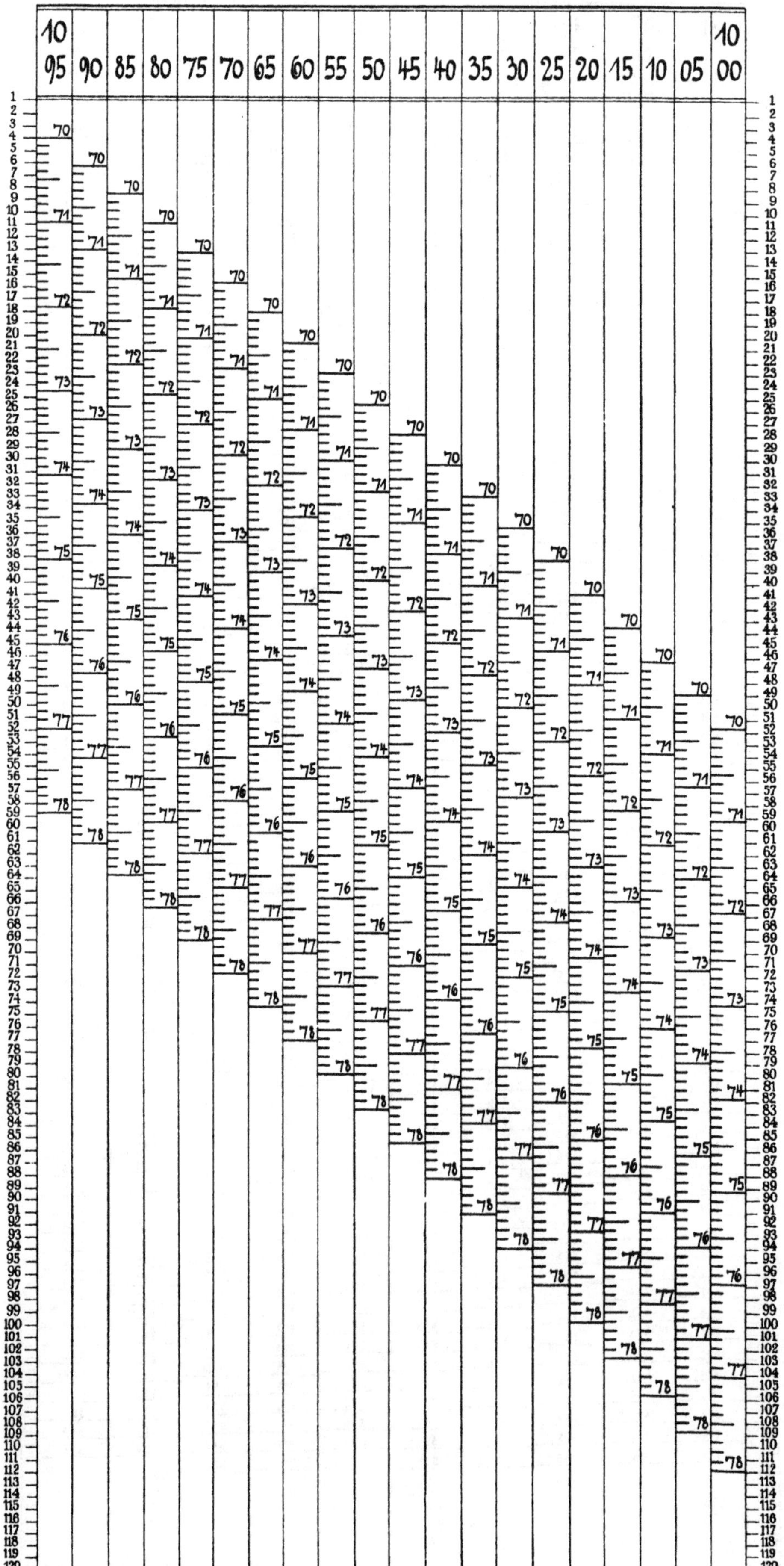
10 95
90
85
80
75
70
65
60
55
50
45
40
35
30
25
20
15
10
05
10 00

9 % (63—70 % Ausbeute)

11 Ctr. 550 kg	12 Ctr. 600 kg	13 Ctr. 650 kg	14 Ctr. 700 kg	15 Ctr. 750 kg	16 Ctr. 800 kg	17 Ctr. 850 kg	18 Ctr. 900 kg	19 Ctr. 950 kg	20 Ctr. 1000 kg
35	38	42	45	48	51	54	57	61	64
36	39	43	46	49	52	55	58	62	65
37	40	44	47	50	53	56	59	63	66
38	41	45	48	51	54	57	60	64	67
39	42	46	49	52	55	58	61	65	68
40	43	47	50	53	56	59	62	66	69
41	44	48	51	54	57	60	63	67	70
42	45	49	52	55	58	61	64	68	71
43	46	50	53	56	59	62	65	69	72
	47		54	57	60	63	66	70	73
				58	61	64	67	71	74
					62	65	68	72	75
						66	69	73	76
							70	74	77
									78

9 % (63—70 % Ausbeute)

21 Ctr. 1050 kg	22 Ctr. 1100 kg	23 Ctr. 1150 kg	24 Ctr. 1200 kg	25 Ctr. 1250 kg	26 Ctr. 1300 kg	27 Ctr. 1350 kg	28 Ctr. 1400 kg	29 Ctr. 1450 kg	30 Ctr. 1500 kg
67	70	73	76	80	83	86	89	92	95
68	71	74	77	81	84	87	90	93	96
69	72	75	78	82	85	88	91	94	97
70	73	76	79	83	86	89	92	95	98
71	74	77	80	84	87	90	93	96	99
72	75	78	81	85	88	91	94	97	100
73	76	79	82	86	89	92	95	98	101
74	77	80	83	87	90	93	96	99	102
75	78	81	84	88	91	94	97	100	105
76	79	82	85	89	92	95	98	101	104
77	80	83	86	90	93	96	99	102	105
78	81	84	87	91	94	97	100	103	106
79	82	85	88	92	95	98	101	104	107
80	83	86	89	93	96	99	102	105	108
81	84	87	90	94	97	100	103	106	109
82	85	88	91	95	98	101	104	107	110
	86	89	92	96	99	102	105	108	111
		90	93	97	100	103	106	109	112
			94	98	101	104	107	110	113
						105	108	111	114
							109	112	115
								113	116
									117

9 % (63—70 % Ausbeute)

31 Ctr. 1550 kg	32 Ctr. 1600 kg	33 Ctr. 1650 kg	34 Ctr. 1700 kg	35 Ctr. 1750 kg	36 Ctr. 1800 kg	37 Ctr. 1850 kg	38 Ctr. 1900 kg	39 Ctr. 1950 kg	40 Ctr. 2000 kg
98	102	105	108	111	114	117	121	124	127
99	103	106	109	112	115	118	122	125	128
100	104	107	110	113	116	119	123	126	129
101	105	108	111	114	117	120	124	127	130
102	106	109	112	115	118	121	125	128	131
103	107	110	113	116	119	122	126	129	132
104	108	111	114	117	120	123	127	130	133
105	109	112	115	118	121	124	128	131	134
106	110	113	116	119	122	125	129	132	135
107	111	114	117	120	123	126	130	133	136
108	112	115	118	121	124	127	131	134	137
109	113	116	119	122	125	128	132	135	138
110	114	117	120	123	126	129	133	136	139
111	115	118	121	124	127	130	134	137	140
112	116	119	122	125	128	131	135	138	141
113	117	120	123	126	129	132	136	139	142
114	118	121	124	127	130	133	137	140	143
115	119	122	125	128	131	134	138	141	144
116	120	123	126	129	132	135	139	142	145
117	121	124	127	130	133	136	140	143	146
118	122	125	128	131	134	137	141	144	147
119	123	126	129	132	135	138	142	145	148
120	124	127	130	133	136	139	143	146	149
121	125	128	131	134	137	140	144	147	150
		129	132	135	138	141	145	148	151
			133	136	139	142	146	149	152
				137	140	143	147	150	153
					141	144	148	151	154
								152	155
									156

9 % (63—70 % Ausbeute)

41 Ctr. 2050 kg	42 Ctr. 2100 kg	43 Ctr. 2150 kg	44 Ctr. 2200 kg	45 Ctr. 2250 kg	46 Ctr. 2300 kg	47 Ctr. 2350 kg	48 Ctr. 2400 kg	49 Ctr. 2450 kg	50 Ctr. 2500 kg
130	133	136	140	143	146	149	152	156	159
131	134	137	141	144	147	150	153	157	160
132	135	138	142	145	148	151	154	158	161
133	136	139	143	146	149	152	155	159	162
134	137	140	144	147	150	153	156	160	163
135	138	141	145	148	151	154	157	161	164
136	139	142	146	149	152	155	158	162	165
137	140	143	147	150	153	156	159	163	166
138	141	144	148	151	154	157	160	164	167
139	142	145	149	152	155	158	161	165	168
140	143	146	150	153	156	159	162	166	169
141	144	147	151	154	157	160	163	167	170
142	145	148	152	155	158	161	164	168	171
143	146	149	153	156	159	162	165	169	172
144	147	150	154	157	160	163	166	170	173
145	148	151	155	158	161	164	167	171	174
146	149	152	156	159	162	165	168	172	175
147	150	153	157	160	163	166	169	173	176
148	151	154	158	161	164	167	170	174	177
149	152	155	159	162	165	168	171	175	178
150	153	156	160	163	166	169	172	176	179
151	154	157	161	164	167	170	173	177	180
152	155	158	162	165	168	171	174	178	181
153	156	159	163	166	169	172	175	179	182
154	157	160	164	167	170	173	176	180	183
155	158	161	165	168	171	174	177	181	184
156	159	162	166	169	172	175	178	182	185
157	160	163	167	170	173	176	179	183	186
158	161	164	168	171	174	177	180	184	187
159	162	165	169	172	175	178	181	185	188
160	163	166	170	173	176	179	182	186	189
	164	167	171	174	177	180	183	187	190
		168	172	175	178	181	184	188	191
				176	179	182	185	189	192
					180	183	186	190	193
							187	191	194
									195

9 % (63 – 70 % Ausbeute)

51 Ctr. 2550 kg	52 Ctr. 2600 kg	53 Ctr. 2650 kg	54 Ctr. 2700 kg	55 Ctr. 2750 kg	56 Ctr. 2800 kg	57 Ctr. 2850 kg	58 Ctr. 2900 kg	59 Ctr. 2950 kg	60 Ctr. 3000 kg
162	165	168	171	174	178	181	184	187	190
163	166	169	172	175	179	182	185	188	191
164	167	170	173	176	180	183	186	189	192
165	168	171	174	177	181	184	187	190	193
166	169	172	175	178	182	185	188	191	194
167	170	173	176	179	183	186	189	192	195
168	171	174	177	180	184	187	190	193	196
169	172	175	178	181	185	188	191	194	197
170	173	176	179	182	186	189	192	195	198
171	174	177	180	183	187	190	193	196	199
172	175	178	181	184	188	191	194	197	200
173	176	179	182	185	189	192	195	198	201
174	177	180	183	186	190	193	196	199	202
175	178	181	184	187	191	194	197	200	203
176	179	182	185	188	192	195	198	201	204
177	180	183	186	189	193	196	199	202	205
178	181	184	187	190	194	197	200	203	206
179	182	185	188	191	195	198	201	204	207
180	183	186	189	192	196	199	202	205	208
181	184	187	190	193	197	200	203	206	209
182	185	188	191	194	198	201	204	207	210
183	186	189	192	195	199	202	205	208	211
184	187	190	193	196	200	203	206	209	212
185	188	191	194	197	201	204	207	210	213
186	189	192	195	198	202	205	208	211	214
187	190	193	196	199	203	206	209	212	215
188	191	194	197	200	204	207	210	213	216
189	192	195	198	201	205	208	211	214	217
190	193	196	199	202	206	209	212	215	218
191	194	197	200	203	207	210	213	216	219
192	195	198	201	204	208	211	214	217	220
193	196	199	202	205	209	212	215	218	221
194	197	200	203	206	210	213	216	219	222
195	198	201	204	207	211	214	217	220	223
196	199	202	205	208	212	215	218	221	224
197	200	203	206	209	213	216	219	222	225
198	201	204	207	210	214	217	220	223	226
199	202	205	208	211	215	218	221	224	227
	203	206	209	212	216	219	222	225	228
		207	210	213	217	220	223	226	229
			211	214	218	221	224	227	230
				215		222	225	228	231
							226	229	232
								230	233
									234

9% (63—70% Ausbeute)

61 Ctr. 3050 kg	62 Ctr. 3100 kg	63 Ctr. 3150 kg	64 Ctr. 3200 kg	65 Ctr. 3250 kg	66 Ctr. 3300 kg	67 Ctr. 3350 kg	68 Ctr. 3400 kg	69 Ctr. 3450 kg	70 Ctr. 3500 kg
193	197	200	203	206	209	212	216	219	222
194	198	201	204	207	210	213	217	220	223
195	199	202	205	208	211	214	218	221	224
196	200	203	206	209	212	215	219	222	225
197	201	204	207	210	213	216	220	223	226
198	202	205	208	211	214	217	221	224	227
199	203	206	209	212	215	218	222	225	228
200	204	207	210	213	216	219	223	226	229
201	205	208	211	214	217	220	224	227	230
202	206	209	212	215	218	221	225	228	231
203	207	210	213	216	219	222	226	229	232
204	208	211	214	217	220	223	227	230	233
205	209	212	215	218	221	224	228	231	234
206	210	213	216	219	222	225	229	232	235
207	211	214	217	220	223	226	230	233	236
208	212	215	218	221	224	227	231	234	237
209	213	216	219	222	225	228	232	235	238
210	214	217	220	223	226	229	233	236	239
211	215	218	221	224	227	230	234	237	240
212	216	219	222	225	228	231	235	238	241
213	217	220	223	226	229	232	236	239	242
214	218	221	224	227	230	233	237	240	243
215	219	222	225	228	231	234	238	241	244
216	220	223	226	229	232	235	239	242	245
217	221	224	227	230	233	236	240	243	246
218	222	225	228	231	234	237	241	244	247
219	223	226	229	232	235	238	242	245	248
220	224	227	230	233	236	239	243	246	249
221	225	228	231	234	237	240	244	247	250
222	226	229	232	235	238	241	245	248	251
223	227	230	233	236	239	242	246	249	252
224	228	231	234	237	240	243	247	250	253
225	229	232	235	238	241	244	248	251	254
226	230	233	236	239	242	245	249	252	255
227	231	234	237	240	243	246	250	253	256
228	232	235	238	241	244	247	251	254	257
229	233	236	239	242	245	248	252	255	258
230	234	237	240	243	246	249	253	256	259
231	235	238	241	244	247	250	254	257	260
232	236	239	242	245	248	251	255	258	261
233	237	240	243	246	249	252	256	259	262
234	238	241	244	247	250	253	257	260	263
235	239	242	245	248	251	254	258	261	264
236	240	243	246	249	252	255	259	262	265
237	241	244	247	250	253	256	260	263	266
238	242	245	248	251	254	257	261	264	267
		246	249	252	255	258	262	265	268
			250	253	256	259	263	266	269
				254	257	260	264	267	270
					258	261	265	268	271
						262	266	269	272
								270	273
									274

9 % (63—70 % Ausbeute)

Nr.	71 Ctr. 3550 kg	72 Ctr. 3600 kg	73 Ctr. 3650 kg	74 Ctr. 3700 kg	75 Ctr. 3750 kg	76 Ctr. 3800 kg	77 Ctr. 3850 kg	78 Ctr. 3900 kg	79 Ctr. 3950 kg	80 Ctr. 4000 kg	Nr.
1											1
2											2
3	225	228	231				244	247			3
4				235	238	241			250	254	4
5	226	229	232				245	248			5
6				236	239	242			251	255	6
7	227	230	233				246	249			7
8				237	240	243			252	256	8
9	228	231	234				247	250			9
10				238	241	244			253	257	10
11	229	232	235				248	251	254	258	11
12				239	242	245					12
13	230		236				249	252	255	259	13
14		233		240	243	246					14
15	231		237				250	253	256	260	15
16		234		241	244	247		254			16
17	232		238				251		257	261	17
18		235		242	245	248		255			18
19	233		239				252		258	262	19
20		236		243	246	249		256			20
21	234		240				253		259	263	21
22		237		244	247	250		257	260	264	22
23	235		241				254				23
24		238		245	248	251		258	261	265	24
25			242				255				25
26	236	239		246	249	252		259	262	266	26
27			243				256				27
28	237	240		247	250	253		260	263	267	28
29			244				257				29
30	238	241		248	251	254		261	264	268	30
31			245				258				31
32	239	242		249	252	255		262	265	269	32
33			246				259				33
34	240	243		250	253	256		263	266	270	34
35			247				260	264	267	271	35
36	241	244		251	254	257					36
37			248				261	265	268	272	37
38	242	245		252	255	258					38
39			249				262	266	269	273	39
40	243	246		253	256	259					40
41			250				263	267	270	274	41
42	244	247		254	257	260					42
43			251				264	268	271	275	43
44		248		255	258	261			272	276	44
45	245		252				265	269			45
46		249		256	259	262			273	277	46
47	246		253				266	270			47
48		250		257	260	263			274	278	48
49	247		254				267	271			49
50		251		258	261	264			275	279	50
51	248		255				268	272			51
52		252		259	262	265			276	280	52
53	249		256				269	273			53
54		253		260	263	266			277	281	54
55	250		257				270	274			55
56		254		261	264	267			278	282	56
57	251		258				271	275	279	283	57
58		255		262	265	268		276			58
59			259				272		280	284	59
60	252	256		263	266	269		277			60
61			260				273		281	285	61
62	253			264	267	270		278			62
63		257	261				274		282	286	63
64	254			265	268	271		279			64
65		258	262				275		283	287	65
66	255			266	269	272		280			66
67		259	263				276		284	288	67
68	256			267	270	273		281			68
69		260	264				277		285	289	69
70	257			268	271	274		282	286	290	70
71		261	265				278				71
72	258			269	272	275		283	287	291	72
73		262	266				279				73
74				270	273	276		284	288	292	74
75	259	263	267				280				75
76				271	274	277		285	289	293	76
77	260	264	268				281	286			77
78				272	275	278			290	294	78
79	261	265					282	287			79
80			269		276	279			291	295	80
81	262	266		273			283	288	292	296	81
82			270		277	280					82
83	263	267		274			284	289	293	297	83
84			271		278	281					84
85	264	268		275			285	290	294	298	85
86			272		279	282					86
87	265	269		276			286	291	295	299	87
88			273		280	283					88
89	266	270		277			287	292	296	300	89
90			274		281	284					90
91	267	271		278			288	293	297	301	91
92			275		282	285					92
93	268	272		279			289	294	298	302	93
94			276		283	286			299	303	94
95	269			280			290	295			95
96		273	277		284	287		296	300	304	96
97	270			281			291				97
98		274	278		285	288		297	301	305	98
99	271			282			292				99
100		275	279		286	289		298	302	306	100
101	272			283			293				101
102		276	280		287	290		299	303	307	102
103	273			284			294				103
104		277	281		288	291		300	304	308	104
105	274			285			295				105
106		278	282		289	292		301	305	309	106
107	275			286			296		306	310	107
108		279	283		290	293		302			108
109	276			287			297		307	311	109
110		280	284		291	294		303			110
111	277			288			298		308	312	111
112		281	285		292	295		304			112
113				289			299		309	313	113
114					293	296	300	305			114
115	278	282					301				115
116						297					116
117											117
118											118
119											119
120											120
121											121

9 % (63–70 % Ausbeute)

81 Ctr. 4050 kg	82 Ctr. 4100 kg	83 Ctr. 4150 kg	84 Ctr. 4200 kg	85 Ctr. 4250 kg	86 Ctr. 4300 kg	87 Ctr. 4350 kg	88 Ctr. 4400 kg	89 Ctr. 4450 kg	90 Ctr. 4500 kg
257	260	263	266	269	273	276	279	282	285
258	261	264	267	270	274	277	280	283	286
259	262	265	268	271	275	278	281	284	287
260	263	266	269	272	276	279	282	285	288
261	264	267	270	273	277	280	283	286	289
262	265	268	271	274	278	281	284	287	290
263	266	269	272	275	279	282	285	288	291
264	267	270	273	276	280	283	286	289	292
265	268	271	274	277	281	284	287	290	293
266	269	272	275	278	282	285	288	291	294
267	270	273	276	279	283	286	289	292	295
268	271	274	277	280	284	287	290	293	296
269	272	275	278	281	285	288	291	294	297
270	273	276	279	282	286	289	292	295	298
271	274	277	280	283	287	290	293	296	299
272	275	278	281	284	288	291	294	297	300
273	276	279	282	285	289	292	295	298	301
274	277	280	283	286	290	293	296	299	302
275	278	281	284	287	291	294	297	300	303
276	279	282	285	288	292	295	298	301	304
277	280	283	286	289	293	296	299	302	305
278	281	284	287	290	294	297	300	303	306
279	282	285	288	291	295	298	301	304	307
280	283	286	289	292	296	299	302	305	308
281	284	287	290	293	297	300	303	306	309
282	285	288	291	294	298	301	304	307	310
283	286	289	292	295	299	302	305	308	311
284	287	290	293	296	300	303	306	309	312
285	288	291	294	297	301	304	307	310	313
286	289	292	295	298	302	305	308	311	314
287	290	293	296	299	303	306	309	312	315
288	291	294	297	300	304	307	310	313	316
289	292	295	298	301	305	308	311	314	317
290	293	296	299	302	306	309	312	315	318
291	294	297	300	303	307	310	313	316	319
292	295	298	301	304	308	311	314	317	320
293	296	299	302	305	309	312	315	318	321
294	297	300	303	306	310	313	316	319	322
295	298	301	304	307	311	314	317	320	323
296	299	302	305	308	312	315	318	321	324
297	300	303	306	309	313	316	319	322	325
298	301	304	307	310	314	317	320	323	326
299	302	305	308	311	315	318	321	324	327
300	303	306	309	312	316	319	322	325	328
301	304	307	310	313	317	320	323	326	329
302	305	308	311	314	318	321	324	327	330
303	306	309	312	315	319	322	325	328	331
304	307	310	313	316	320	323	326	329	332
305	308	311	314	317	321	324	327	330	333
306	309	312	315	318	322	325	328	331	334
307	310	313	316	319	323	326	329	332	335
308	311	314	317	320	324	327	330	333	336
309	312	315	318	321	325	328	331	334	337
310	313	316	319	322	326	329	332	335	338
311	314	317	320	323	327	330	333	336	339
312	315	318	321	324	328	331	334	337	340
313	316	319	322	325	329	332	335	338	341
314	317	320	323	326	330	333	336	339	342
315	318	321	324	327	331	334	337	340	343
316	319	322	325	328	332	335	338	341	344
317	320	323	326	329	333	336	339	342	345
		324	327	330	334	337	340	343	346
			328	331	335	338	341	344	347
				332	336	339	342	345	348
						340	343	346	349
							344	347	350
								348	351
									352

9.95 – 9.00 % Bllg. 63 – 70 % Ausbeute.

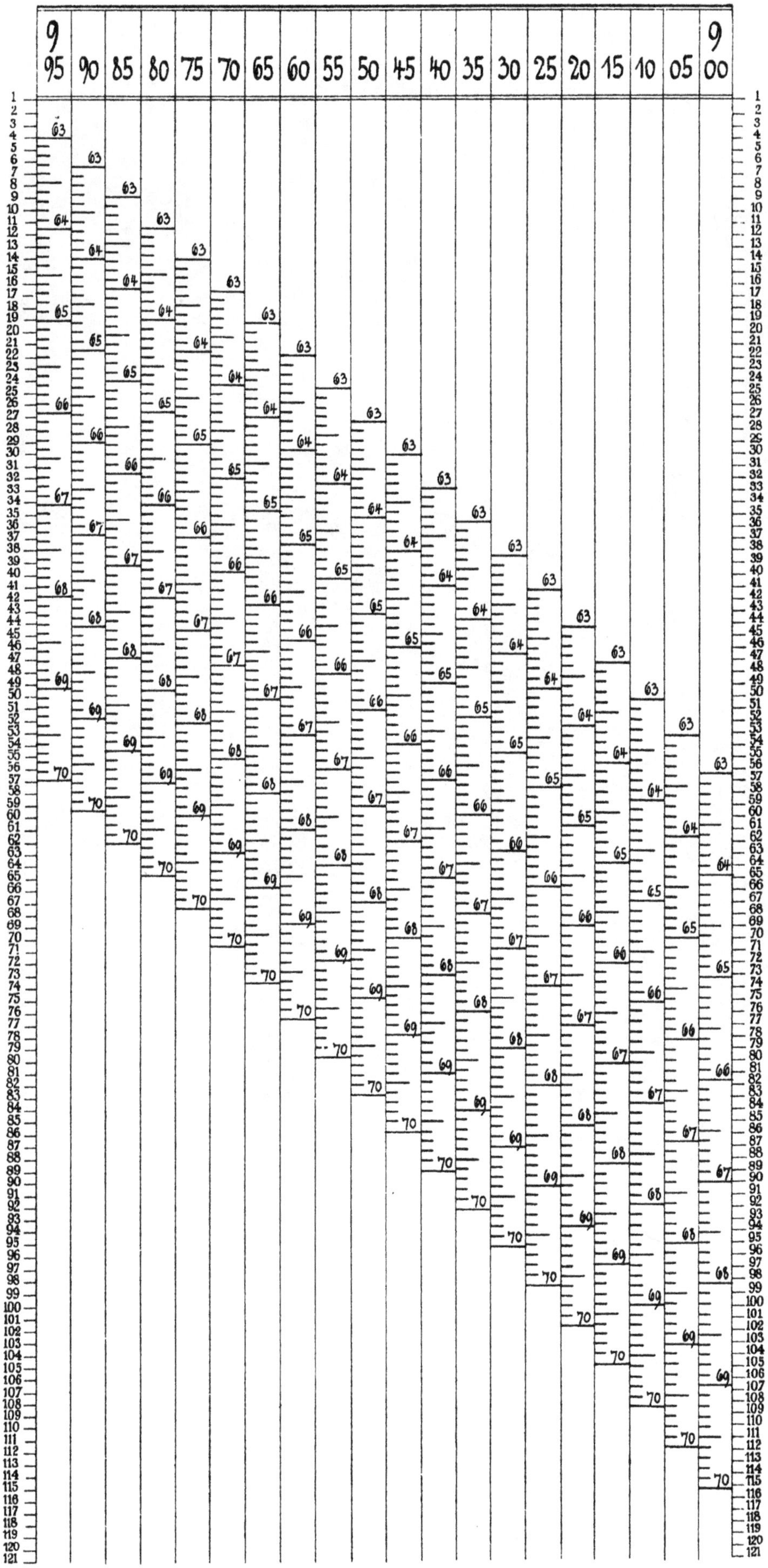

9 95
90
85
80
75
70
65
60
55
50
45
40
35
30
25
20
15
10
05
9 00

9% (70—78% Ausbeute)

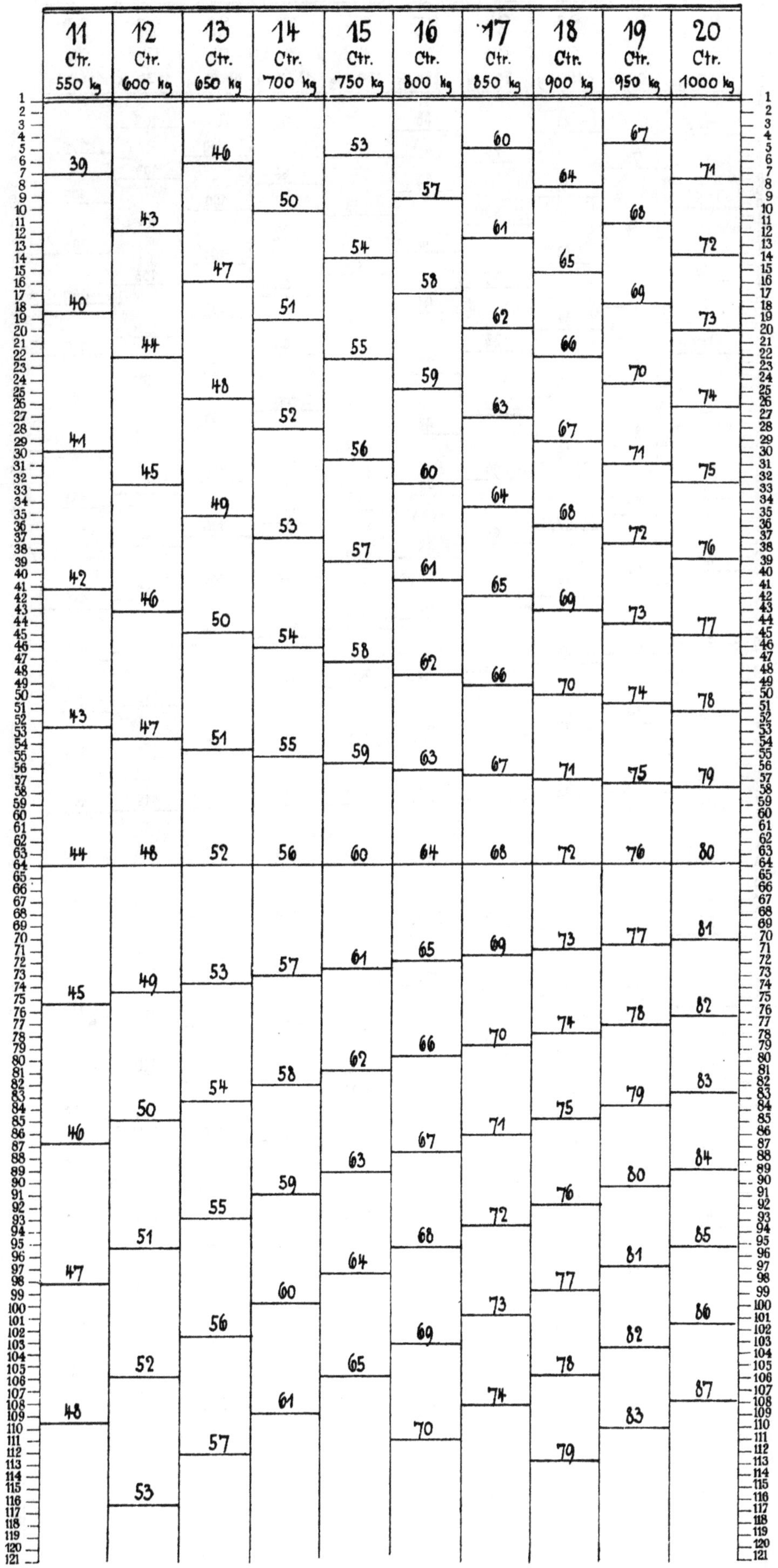
11 Ctr. 550 kg
12 Ctr. 600 kg
13 Ctr. 650 kg
14 Ctr. 700 kg
15 Ctr. 750 kg
16 Ctr. 800 kg
17 Ctr. 850 kg
18 Ctr. 900 kg
19 Ctr. 950 kg
20 Ctr. 1000 kg
39 40 41 42 43 44 45 46 47 48
43 44 45 46 47 48 49 50 51 52 53
46 47 48 49 50 51 52 53 54 55 56 57
50 51 52 53 54 55 56 57 58 59 60 61
53 54 55 56 57 58 59 60 61 62 63 64 65
57 58 59 60 61 62 63 64 65 66 67 68 69 70
60 61 62 63 64 65 66 67 68 69 70 71 72 73 74
64 65 66 67 68 69 70 71 72 73 74 75 76 77 78 79
67 68 69 70 71 72 73 74 75 76 77 78 79 80 81 82 83
71 72 73 74 75 76 77 78 79 80 81 82 83 84 85 86 87

9 % (70—78 % Ausbeute)

21 Ctr. 1050 kg	22 Ctr. 1100 kg	23 Ctr. 1150 kg	24 Ctr. 1200 kg	25 Ctr. 1250 kg	26 Ctr. 1300 kg	27 Ctr. 1350 kg	28 Ctr. 1400 kg	29 Ctr. 1450 kg	30 Ctr. 1500 kg
74	78	81	85	88	92	95	99	102	106
75	79	82	86	89	93	96	100	103	107
76	80	83	87	90	94	97	101	104	108
77	81	84	88	91	95	98	102	105	109
78	82	85	89	92	96	99	103	106	110
79	83	86	90	93	97	100	104	107	111
80	84	87	91	94	98	101	105	108	112
81	85	88	92	95	99	102	106	109	113
82	86	89	93	96	100	103	107	110	114
83	87	90	94	97	101	104	108	111	115
84	88	91	95	98	102	105	109	112	116
85	89	92	96	99	103	106	110	113	117
86	90	93	97	100	104	107	111	114	118
87	91	94	98	101	105	108	112	115	119
88	92	95	99	102	106	109	113	116	120
89	93	96	100	103	107	110	114	117	121
90	94	97	101	104	108	111	115	118	122
91	95	98	102	105	109	112	116	119	123
	96	99	103	106	110	113	117	120	124
		100	104	107	111	114	118	121	125
			105	108	112	115	119	122	126
				109	113	116	120	123	127
					114	117	121	124	128
						118	122	125	129
								126	130
									131

9 % (70—78 % Ausbeute)

#	31 Ctr. 1550 kg	32 Ctr. 1600 kg	33 Ctr. 1650 kg	34 Ctr. 1700 kg	35 Ctr. 1750 kg	36 Ctr. 1800 kg	37 Ctr. 1850 kg	38 Ctr. 1900 kg	39 Ctr. 1950 kg	40 Ctr. 2000 kg	#
1											1
2											2
3											3
4											4
5		113		120		127		134	138		5
6	110						131			141	6
7			117		124						7
8						128		135	139		8
9		114		121			132			142	9
10	111				125						10
11			118					136	140		11
12				122		129				143	12
13		115					133				13
14	112				126						14
15			119			130		137	141	144	15
16				123			134				16
17		116			127						17
18	113		120					138	142	145	18
19						131	135				19
20				124							20
21		117			128				143	146	21
22	114		121			132					22
23				125			136				23
24		118			129			140	144	147	24
25						133					25
26	115		122				137				26
27				126					145		27
28		119			130	134		141		148	28
29							138				29
30	116		123						146		30
31				127	131			142		149	31
32		120				135					32
33			124				139				33
34	117							143	147	150	34
35					132						35
36		121				136	140				36
37			125		133			144	148	151	37
38	118			129							38
39						137					39
40		122					141		149	152	40
41			126					145			41
42	119			130	134						42
43						138	142		150	153	43
44		123						146			44
45			127	131	135						45
46						139	143			154	46
47	120							147	151		47
48		124	128								48
49				132	136	140				155	49
50							144	148	152		50
51	121										51
52		125			137					156	52
53			129	133		141	145		153		53
54								149			54
55	122									157	55
56		126	130	134	138	142			154		56
57							146	150			57
58										158	58
59	123	127									59
60			131	135	139	143	147	151	155		60
61										159	61
62											62
63	124	128	132	136	140	144	148	152	156		63
64										160	64
65											65
66									157		66
67	125	129	133	137	141	145	149	153			67
68										161	68
69									158		69
70					142	146	150	154			70
71	126	130	134	138						162	71
72											72
73								155	159		73
74					143	147	151			163	74
75	127	131	135	139							75
76								156	160		76
77				140	144	148	152			164	77
78			136					157	161		78
79	128	132									79
80							153			165	80
81				141	145	149			162		81
82			137					158			82
83	129	133								166	83
84					146	150	154				84
85											85
86			138	142				159	163	167	86
87	130	134					155				87
88					147	151					88
89				143				160	164	168	89
90		135	139				156				90
91	131				148	152					91
92									165	169	92
93			140	144				161			93
94		136				153	157				94
95	132				149				166	170	95
96								162			96
97			141	145			158				97
98		137			150	154				171	98
99	133							163	167		99
100				146			159				100
101			142							172	101
102		138			151	155		164	168		102
103	134										103
104				147			160			173	104
105			143		152	156			169		105
106		139						165			106
107	135						161		170	174	107
108			144	148		157					108
109					153			166			109
110		140								175	110
111				149							111
112											112
113											113
114											114
115											115
116											116
117											117
118											118
119											119
120											120
121											121

9 % (70—78 % Ausbeute)

41 Ctr. 2050 kg	42 Ctr. 2100 kg	43 Ctr. 2150 kg	44 Ctr. 2200 kg	45 Ctr. 2250 kg	46 Ctr. 2300 kg	47 Ctr. 2350 kg	48 Ctr. 2400 kg	49 Ctr. 2450 kg	50 Ctr. 2500 kg
145	148	152	155	159	162	166	169	173	176
146	149	153	156	160	163	167	170	174	177
147	150	154	157	161	164	168	171	175	178
148	151	155	158	162	165	169	172	176	179
149	152	156	159	163	166	170	173	177	180
150	153	157	160	164	167	171	174	178	181
151	154	158	161	165	168	172	175	179	182
152	155	159	162	166	169	173	176	180	183
153	156	160	163	167	170	174	177	181	184
154	157	161	164	168	171	175	178	182	185
155	158	162	165	169	172	176	179	183	186
156	159	163	166	170	173	177	180	184	187
157	160	164	167	171	174	178	181	185	188
158	161	165	168	172	175	179	182	186	189
159	162	166	169	173	176	180	183	187	190
160	163	167	170	174	177	181	184	188	191
161	164	168	171	175	178	182	185	189	192
162	165	169	172	176	179	183	186	190	193
163	166	170	173	177	180	184	187	191	194
164	167	171	174	178	181	185	188	192	195
165	168	172	175	179	182	186	189	193	196
166	169	173	176	180	183	187	190	194	197
167	170	174	177	181	184	188	191	195	198
168	171	175	178	182	185	189	192	196	199
169	172	176	179	183	186	190	193	197	200
170	173	177	180	184	187	191	194	198	201
171	174	178	181	185	188	192	195	199	202
172	175	179	182	186	189	193	196	200	203
173	176	180	183	187	190	194	197	201	204
174	177	181	184	188	191	195	198	202	205
175	178	182	185	189	192	196	199	203	206
176	179	183	186	190	193	197	200	204	207
177	180	184	187	191	194	198	201	205	208
178	181	185	188	192	195	199	202	206	209
	182	186	189	193	196	200	203	207	210
	183	187	190	194	197	201	204	208	211
			191	195	198	202	205	209	212
			192	196	199	203	206	210	213
					200	204	207	211	214
						205	208	212	215
							209	213	216
							210	214	217
									218
									219

9 % (70 — 78 % Ausbeute)

#	51 Ctr. 2550 kg	52 Ctr. 2600 kg	53 Ctr. 2650 kg	54 Ctr. 2700 kg	55 Ctr. 2750 kg	56 Ctr. 2800 kg	57 Ctr. 2850 kg	58 Ctr. 2900 kg	59 Ctr. 2950 kg	60 Ctr. 3000 kg	#
1											1
2											2
3								204			3
4		183		190	194	197	201		208	211	4
5	180		187					205			5
6		184		191	195	198	202		209	212	6
7	181		188					206			7
8				192		199	203		210	213	8
9	182	185						207			9
10			189			200				214	10
11		186		193	197		204	208	211		11
12	183		190			201				215	12
13				194			205		212		13
14	184	187	191		198	202		209		216	14
15				195			206		213		15
16	185	188			199			210		217	16
17			192	196		203	207		214		17
18	186	189			200			211		218	18
19			193	197		204	208		215		19
20		190			201			212		219	20
21	187		194	198		205	209		216		21
22					202			213		220	22
23		191		199		206	210		217		23
24	188		195		203					221	24
25		192		200		207		214	218		25
26	189		196				211			222	26
27					204	208		215	219		27
28		193	197	201			212			223	28
29	190				205	209		216			29
30		194	198	202			213		220	224	30
31	191				206			217			31
32						210	214		221	225	32
33		195	199	203	207			218			33
34	192					211	215		222	226	34
35		196	200	204				219			35
36	193				208	212			223		36
37			201	205			216			227	37
38		197			209	213		220	224		38
39	194						217			228	39
40		198	202	206				221	225		40
41	195				210	214	218			229	41
42		199	203	207				222	226		42
43					211	215	219			230	43
44	196			208				223			44
45		200	204		212	216			227	231	45
46	197						220	224			46
47		201	205	209	213	217			228	232	47
48	198						221	225			48
49		202	206	210	214	218			229	233	49
50							222				50
51	199							226	230	234	51
52		203	207	211	215	219	223				52
53								227	231	235	53
54	200		208	212	216	220	224				54
55		204						228	232	236	55
56	201		209	213	217	221	225				56
57		205						229	233	237	57
58	202				218	222					58
59		206	210	214			226	230	234	238	59
60				215							60
61	203	207	211		219	223	227	231	235	239	61
62											62
63	204	208	212	216	220	224					63
64							228	232	236	240	64
65				217							65
66	205	209	213		221	225	229	233	237	241	66
67											67
68	206	210	214	218	222	226	230	234	238	242	68
69											69
70	207		215	219	223	227	231	235	239	243	70
71		211									71
72				220	224	228			240	244	72
73	208	212	216				232	236			73
74						229			241	245	74
75	209	213	217	221	225		233	237			75
76										246	76
77			218	222	226	230	234	238	242		77
78	210	214								247	78
79				223	227	231	235	239	243		79
80	211	215	219							248	80
81					228	232		240	244		81
82		216		224			236			249	82
83	212								245		83
84			221	225	229	233	237	241		250	84
85	213	217							246		85
86				226	230	234	238	242		251	86
87			222						247		87
88	214	218		227	231	235	239	243		252	88
89			223								89
90	215	219				236		244	248	253	90
91			224	228	232		240				91
92		220						245	249	254	92
93	216			229	233	237	241				93
94			225						250	255	94
95	217	221		230	234	238	242	246			95
96			226						251	256	96
97		222		231	235	239	243	247			97
98	218								252		98
99		223	227		236	240	244	248		257	99
100	219			232					253		100
101			228				245	249		258	101
102	220	224		233	237	241					102
103			229					250	254	259	103
104		225		234	238	242	246				104
105	221								255	260	105
106		226	230	235	239	243	247	251			106
107	222								256	261	107
108			231				248	252			108
109		227		236	240	244				262	109
110	223							253	257		110
111											111
112											112
113											113
114											114
115											115
116											116
117											117
118											118
119											119
120											120
121											121

9% (70—78 % Ausbeute)

61 Ctr. 3050 kg	62 Ctr. 3100 kg	63 Ctr. 3150 kg	64 Ctr. 3200 kg	65 Ctr. 3250 kg	66 Ctr. 3300 kg	67 Ctr. 3350 kg	68 Ctr. 3400 kg	69 Ctr. 3450 kg	70 Ctr. 3500 kg
215	218	222	225	229	232	236	239	243	246
216	219	223	226	230	233	237	240	244	247
217	220	224	227	231	234	238	241	245	248
218	221	225	228	232	235	239	242	246	249
219	222	226	229	233	236	240	243	247	250
220	223	227	230	234	237	241	244	248	251
221	224	228	231	235	238	242	245	249	252
222	225	229	232	236	239	243	246	250	253
223	226	230	233	237	240	244	247	251	254
224	227	231	234	238	241	245	248	252	255
225	228	232	235	239	242	246	249	253	256
226	229	233	236	240	243	247	250	254	257
227	230	234	237	241	244	248	251	255	258
228	231	235	238	242	245	249	252	256	259
229	232	236	239	243	246	250	253	257	260
230	233	237	240	244	247	251	254	258	261
231	234	238	241	245	248	252	255	259	262
232	235	239	242	246	249	253	256	260	263
233	236	240	243	247	250	254	257	261	264
234	237	241	244	248	251	255	258	262	265
235	238	242	245	249	252	256	259	263	266
236	239	243	246	250	253	257	260	264	267
237	240	244	247	251	254	258	261	265	268
238	241	245	248	252	255	259	262	266	269
239	242	246	249	253	256	260	263	267	270
240	243	247	250	254	257	261	264	268	271
241	244	248	251	255	258	262	265	269	272
242	245	249	252	256	259	263	266	270	273
243	246	250	253	257	260	264	267	271	274
244	247	251	234	258	261	265	268	272	275
245	248	252	255	259	262	266	269	273	276
246	249	253	256	260	263	267	270	274	277
247	250	254	257	261	264	268	271	275	278
248	251	255	258	262	265	269	272	276	279
249	252	256	259	263	266	270	273	277	280
250	253	257	260	264	267	271	274	278	281
251	254	258	261	265	268	272	275	279	282
252	255	259	262	266	269	273	276	280	283
253	256	260	263	267	270	274	277	281	284
254	257	261	264	268	271	275	278	282	285
255	258	262	265	269	272	276	279	283	286
256	259	263	266	270	273	277	280	284	287
257	260	264	267	271	274	278	281	285	288
258	261	265	268	272	275	279	282	286	289
259	262	266	269	273	276	280	283	287	290
260	263	267	270	274	277	281	284	288	291
261	264	268	271	275	278	282	285	289	292
262	265	269	272	276	279	283	286	290	293
263	266	270	273	277	280	284	287	291	294
264	267	271	274	278	281	285	288	292	295
265	268	272	275	279	282	286	289	293	296
266	269	273	276	280	283	287	290	294	297
	270	274	277	281	284	288	291	295	298
	271	275	278	282	285	289	292	296	299
			279	283	286	290	293	297	300
			280	284	287	291	294	298	301
					288	292	295	299	302
					289		296	300	303
							297	301	304
									305
									306

9 % (70—78 % Ausbeute)

71 Ctr. 3550 kg	72 Ctr. 3600 kg	73 Ctr. 3650 kg	74 Ctr. 3700 kg	75 Ctr. 3750 kg	76 Ctr. 3800 kg	77 Ctr. 3850 kg	78 Ctr. 3900 kg	79 Ctr. 3950 kg	80 Ctr. 4000 kg
250	253	257	260	264	267	271	274	278	281
251	254	258	261	265	268	272	275	279	282
252	255	259	262	266	269	273	276	280	283
253	256	260	263	267	270	274	277	281	284
254	257	261	264	268	271	275	278	282	285
255	258	262	265	269	272	276	279	283	286
256	259	263	266	270	273	277	280	284	287
257	260	264	267	271	274	278	281	285	288
258	261	265	268	272	275	279	282	286	289
259	262	266	269	273	276	280	283	287	290
260	263	267	270	274	277	281	284	288	291
261	264	268	271	275	278	282	285	289	292
262	265	269	272	276	279	283	286	290	293
263	266	270	273	277	280	284	287	291	294
264	267	271	274	278	281	285	288	292	295
265	268	272	275	279	282	286	289	293	296
266	269	273	276	280	283	287	290	294	297
267	270	274	277	281	284	288	291	295	298
268	271	275	278	282	285	289	292	296	299
269	272	276	279	283	286	290	293	297	300
270	273	277	280	284	287	291	294	298	301
271	274	278	281	285	288	292	295	299	302
272	275	279	282	286	289	293	296	300	303
273	276	280	283	287	290	294	297	301	304
274	277	281	284	288	291	295	298	302	305
275	278	282	285	289	292	296	299	303	306
276	279	283	286	290	293	297	300	304	307
277	280	284	287	291	294	298	301	305	308
278	281	285	288	292	295	299	302	306	309
279	282	286	289	293	296	300	303	307	310
280	283	287	290	294	297	301	304	308	311
281	284	288	291	295	298	302	305	309	312
282	285	289	292	296	299	303	306	310	313
283	286	290	293	297	300	304	307	311	314
284	287	291	294	298	301	305	308	312	315
285	288	292	295	299	302	306	309	313	316
286	289	293	296	300	303	307	310	314	317
287	290	294	297	301	304	308	311	315	318
288	291	295	298	302	305	309	312	316	319
289	292	296	299	303	306	310	313	317	320
290	293	297	300	304	307	311	314	318	321
291	294	298	301	305	308	312	315	319	322
292	295	299	302	306	309	313	316	320	323
293	296	300	303	307	310	314	317	321	324
294	297	301	304	308	311	315	318	322	325
295	298	302	305	309	312	316	319	323	326
296	299	303	306	310	313	317	320	324	327
297	300	304	307	311	314	318	321	325	328
298	301	305	308	312	315	319	322	326	329
299	302	306	309	313	316	320	323	327	330
300	303	307	310	314	317	321	324	328	331
301	304	308	311	315	318	322	325	329	332
302	305	309	312	316	319	323	326	330	333
303	306	310	313	317	320	324	327	331	334
304	307	311	314	318	321	325	328	332	335
305	308	312	315	319	322	326	329	333	336
306	309	313	316	320	323	327	330	334	337
307	310	314	317	321	324	328	331	335	338
308	311	315	318	322	325	329	332	336	339
309	312	316	319	323	326	330	333	337	340
310	313	317	320	324	327	331	334	338	341
	314	318	321	325	328	332	335	339	342
	315		322	326	329	333	336	340	343
			323	327	330	334	337	341	344
					331	335	338	342	345
					332		339	343	346
							340	344	347
									348
									349

9 % (70 — 78 % Ausbeute)

№	81 Ctr. 4050 kg	82 Ctr. 4100 kg	83 Ctr. 4150 kg	84 Ctr. 4200 kg	85 Ctr. 4250 kg	86 Ctr. 4300 kg	87 Ctr. 4350 kg	88 Ctr. 4400 kg	89 Ctr. 4450 kg	90 Ctr. 4500 kg	№
1											1
2											2
3											3
4		289		296		303		310		317	4
5	286			297	300	304	307	311	314	318	5
6		290			301		308		315		6
7	287	291	293	298		305		312		319	7
8	288		294	299	302	306	309	313	316	320	8
9		292			303		310		317		9
10	289	293	295	300		307		314		321	10
11	290		296	301	304	308	311	315	318	322	11
12		294			305		312		319	323	12
13	291	295	297	302		309		316	320		13
14	292		298	303	306	310	313	317		324	14
15		296			307		314	318	321	325	15
16	293	297	299	304		311	315		322	326	16
17	294		300	305	308	312		319			17
18		298			309		316	320	323	327	18
19	295	299	301	306		313	317		324	328	19
20	296		302	307	310	314		321	325		20
21		300			311	315	318	322		329	21
22	297	301	303	308			319	323	326	330	22
23	298		304	309	312	316			327	331	23
24		302			313	317	320	324	328		24
25	299	303	305	310			321	325		332	25
26			306	311	314	318	322		329	333	26
27	300	304			315	319		326	330	334	27
28	301	305	307	312			323	327			28
29			308	313	316	320	324		331	335	29
30	302	306			317	321		328	332	336	30
31	303	307	309	314	318		325	329	333		31
32			310	315		322	326	330		337	32
33	304	308			319	323			334	338	33
34	305	309	311	316	320		327	331	335	339	34
35			312	317		324	328	332			35
36	306	310			321	325	329		336	340	36
37	307	311	313	318	322			333	337	341	37
38			314	319		326	330	334	338		38
39	308	312			323	327	331	335		342	39
40	309		315	320	324	328			339	343	40
41		313	316	321			332	336	340	344	41
42	310	314	317		325	329	333	337			42
43	311			322	326	330			341	345	43
44		315	318	323			334	338	342	346	44
45	312	316	319		327	331	335	339	343	347	45
46				324	328	332					46
47	313	317	320	325			336	340	344	348	47
48	314	318	321		329	333	337	341	345	349	48
49				326	330	334	338	342			49
50	315	319	322	327					346	350	50
51	316	320	323		331	335	339	343	347	351	51
52				328	332	336	340	344	348	352	52
53	317	321	324	329							53
54	318	322	325		333	337	341	345	349	353	54
55				330	334	338	342	346	350	354	55
56	319	323	326	331	335	339		347		355	56
57	320	324	327				343		351		57
58				332	336	340	344	348	352	356	58
59	321	325	328	333	337	341	345	349	353	357	59
60	322	326	329								60
61				334	338	342	346	350	354	358	61
62	323	327	330	335	339	343	347	351	355	359	62
63	324	328	331						356	360	63
64				336	340	344	348	352			64
65	325	329	332	337	341	345	349	353	357	361	65
66		330	333					354	358	362	66
67	326			338	342	346	350				67
68	327	331	334	339	343	347	351	355	359	363	68
69		332	335				352	356	360	364	69
70	328			340	344	348			361	365	70
71	329	333	336	341	345	349	353	357			71
72		334	337				354	358	362	366	72
73	330			342	346	350		359	363	367	73
74	331	335	338	343	347	351	355			368	74
75			339			352	356	360	364		75
76	332	336	340	344	348			361	365	369	76
77	333	337		345	349	353	357		366	370	77
78			341			354	358	362			78
79	334	338	342	346	350		359	363	367	371	79
80	335	339		347	351	355			368	372	80
81			343			356	360	364		373	81
82	336	340	344	348	352		361	365	369		82
83	337	341		349	353	357		366	370	374	83
84			345		354	358	362		371	375	84
85	338	342	346	350			363	367		376	85
86		343		351	355	359		368	372		86
87	339		347		356	360	364		373	377	87
88	340	344	348	352			365	369		378	88
89		345		353	357	361	366	370	374		89
90	341		349		358	362		371	375	379	90
91	342	346	350	354		363	367		376	380	91
92		347		355	359		368	372		381	92
93	343		351		360	364		373	377		93
94	344	348	352	356		365	369		378	382	94
95		349		357	361		370	374		383	95
96	345		353		362	366		375	379		96
97	346	350	354	358		367	371		380	384	97
98		351		359	363		372	376	381	385	98
99	347		355		364	368	373	377		386	99
100	348	352	356	360		369		378	382		100
101		353		361	365		374		383	387	101
102	349		357		366	370	375	379	384	388	102
103	350	354	358	362		371		380		389	103
104		355		363	367		376		385		104
105	351		359	364	368	372	377	381	386	390	105
106		356	360			373		382		391	106
107	352			365	369		378	383	387		107
108	353	357	361	366	370	374	379		388	392	108
109		358	362			375		384		393	109
110				367							110
111											111
112											112
113											113
114											114
115											115
116											116
117											117
118											118
119											119
120											120
121											121

9.95 – 9.00 % Bllg. 70 – 78 % Ausbeute.

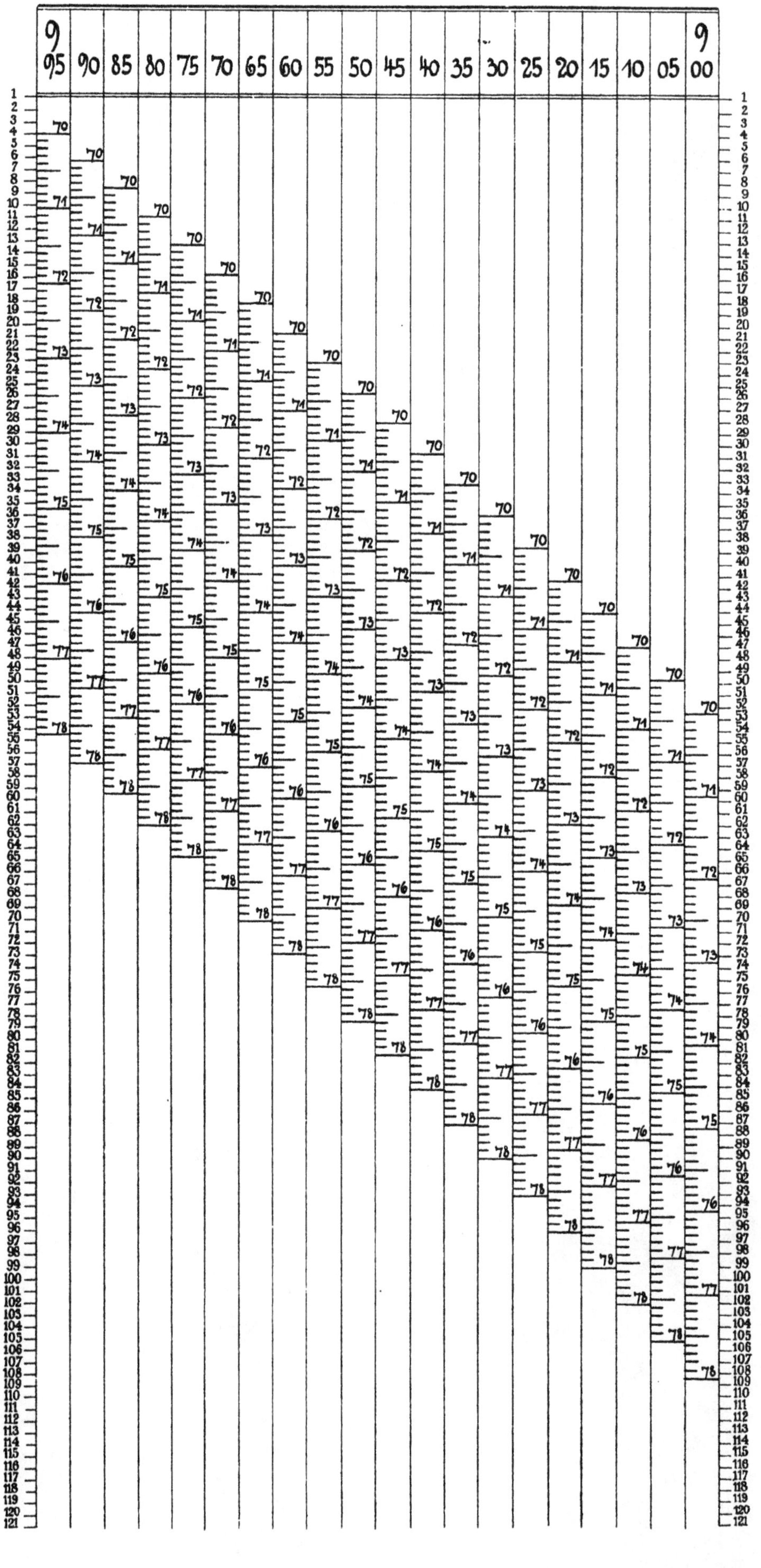
9 95
90
85
80
75
70
65
60
55
50
45
40
35
30
25
20
15
10
05
9 00

8 % (63—70 % Ausbeute)

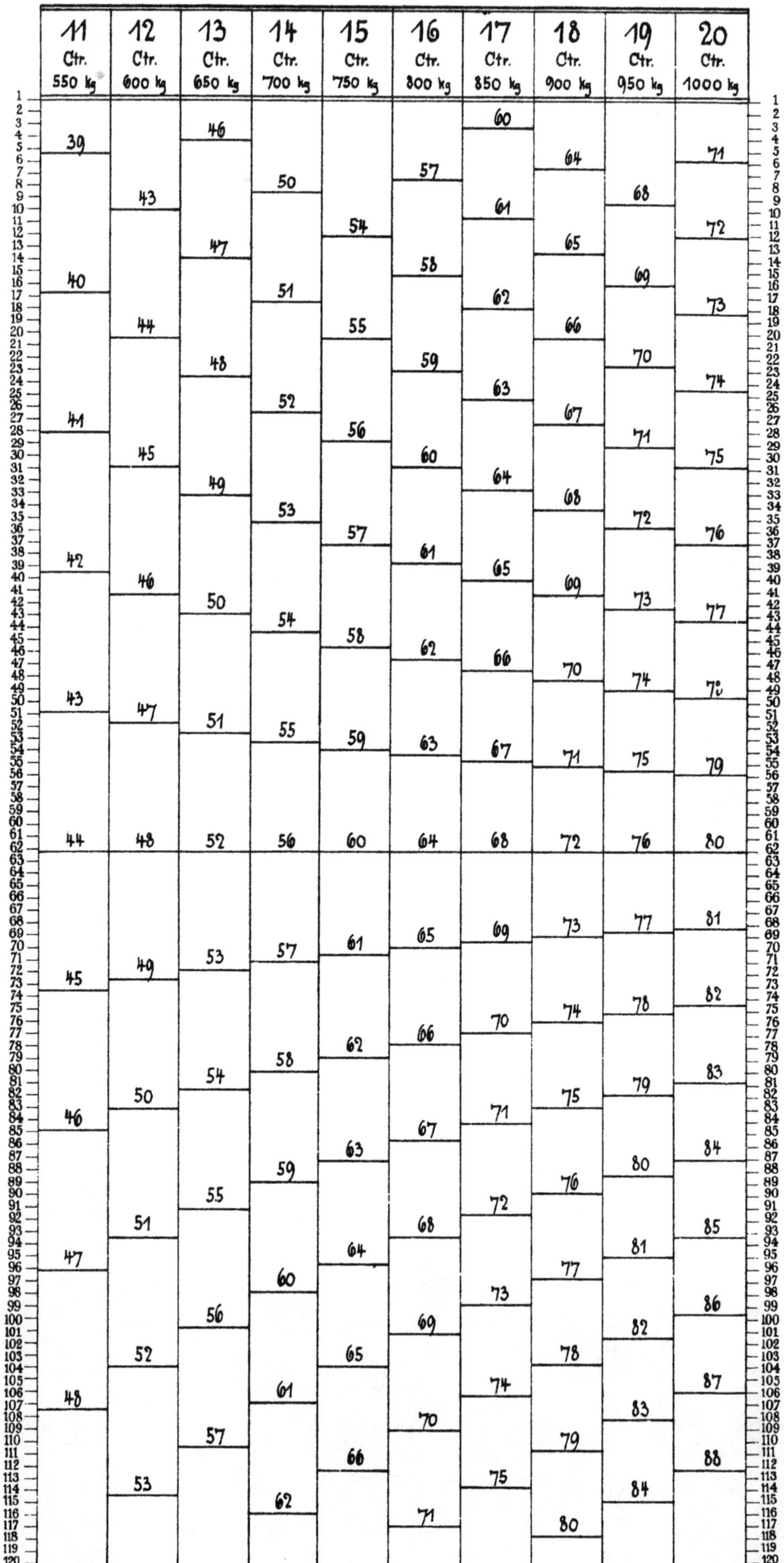
11 Ctr. 550 kg: 39 40 41 42 43 44 45 46 47 48
12 Ctr. 600 kg: 43 44 45 46 47 48 49 50 51 52 53
13 Ctr. 650 kg: 46 47 48 49 50 51 52 53 54 55 56 57
14 Ctr. 700 kg: 50 51 52 53 54 55 56 57 58 59 60 61 62
15 Ctr. 750 kg: 54 55 56 57 58 59 60 61 62 63 64 65 66
16 Ctr. 800 kg: 57 58 59 60 61 62 63 64 65 66 67 68 69 70 71
17 Ctr. 850 kg: 60 61 62 63 64 65 66 67 68 69 70 71 72 73 74 75
18 Ctr. 900 kg: 64 65 66 67 68 69 70 71 72 73 74 75 76 77 78 79 80
19 Ctr. 950 kg: 68 69 70 71 72 73 74 75 76 77 78 79 80 81 82 83 84
20 Ctr. 1000 kg: 71 72 73 74 75 76 77 78 79 80 81 82 83 84 85 86 87 88

8 % (63—70 % Ausbeute)

21 Ctr. 1050 kg	22 Ctr. 1100 kg	23 Ctr. 1150 kg	24 Ctr. 1200 kg	25 Ctr. 1250 kg	26 Ctr. 1300 kg	27 Ctr. 1350 kg	28 Ctr. 1400 kg	29 Ctr. 1450 kg	30 Ctr. 1500 kg
75	78	82	85	89	92	96	99	103	106
76	79	83	86	90	93	97	100	104	107
77	80	84	87	91	94	98	101	105	108
78	81	85	88	92	95	99	102	106	109
79	82	86	89	93	96	100	103	107	110
80	83	87	90	94	97	101	104	108	111
81	84	88	91	95	98	102	105	109	112
82	85	89	92	96	99	103	106	110	113
83	86	90	93	97	100	104	107	111	114
84	87	91	94	98	101	105	108	112	115
85	88	92	95	99	102	106	109	113	116
86	89	93	96	100	103	107	110	114	117
87	90	94	97	101	104	108	111	115	118
88	91	95	98	102	105	109	112	116	119
89	92	96	99	103	106	110	113	117	120
90	93	97	100	104	107	111	114	118	121
91	94	98	101	105	108	112	115	119	122
92	95	99	102	106	109	113	116	120	123
93	96	100	103	107	110	114	117	121	124
	97	101	104	108	111	115	118	122	125
		102	105	109	112	116	119	123	126
			106	110	113	117	120	124	127
				111	114	118	121	125	128
					115	119	122	126	129
						120	123	127	130
							124	128	131
									132
									133

Row	31 Ctr. 1550 kg	32 Ctr. 1600 kg	33 Ctr. 1650 kg	34 Ctr. 1700 kg	35 Ctr. 1750 kg	36 Ctr. 1800 kg	37 Ctr. 1850 kg	38 Ctr. 1900 kg	39 Ctr. 1950 kg	40 Ctr. 2000 kg
5	110		117		124		131		138	
6		114		121		128		135		142
8	111		118		125		132		139	
9						129		136		143
10		115		122						
11							133		140	
12			119		126	130				144
13	112							137		
14		116		123			134		141	
15										145
16			120		127	131		138		
17	113			124					142	
18		117					135			146
19					128			139		
20			121			132			143	
21	114			125						147
22		118					136	140		
23					129					
24			122			133			144	148
25	115			126			137			
26		119			130			141		
27			123			134			145	149
28							138			
29	116			127				142		
30		120			131				146	
31			124			135	139			150
32								143		
33	117			128	132				147	
34		121				136				151
35			125				140			
36								144		
37	118			129	133				148	152
38		122	126			137	141			
39								145		
40				130					149	153
41	119				134	138	142			
42		123	127					146		
43				131					150	154
44					135	139				
45	120						143			
46		124	128					147	151	155
47				132						
48					136	140	144			
49	121							148	152	156
50		125	129	133						
51					137	141	145			
52								149		
53	122								153	157
54		126	130	134		142	146			
55					138			150	154	158
57	123									
58		127	131	135	139	143	147	151	155	159
61	124					144	148	152		
62		128	132	136	140				156	160
65	125		133		141	145	149	153	157	161
66		129		137						
69	126		134	138	142	146	150	154	158	162
70		130								
72					143	147	151	155	159	163
73	127		135	139						
74		131								
75							152	156	160	164
76				140	144	148				
77	128	132	136							
78							153	157	161	165
79				141	145	149				
80			137							
81	129	133							162	166
82							154	158		
83					146	150				
84			138	142					163	167
85	130	134						159		
86						151	155			
87				143	147				164	168
88			139					160		
89	131	135					156			
90					148	152			165	169
91				144				161		
92			140				157			
93	132	136				153			166	170
94					149			162		
95				145						
96			141				158		167	171
97	133	137			150	154				
98				146				163		
99			142				159			172
100						155			168	
101	134	138		147	151			164		
102							160			173
103			143							
104					152	156			169	
105	135	139		148			161	165		174
107			144			157			170	
108		140			153			166		175
109	136			149			162			
110			145						171	
111					154	158		167		
112		141					163			176
113				150					172	
114	137		146			159				
115					155			168		177
116		142					164		173	
117						160				
118								169		

8% (63—70% Ausbeute)

41 Ctr. 2050 kg	42 Ctr. 2100 kg	43 Ctr. 2150 kg	44 Ctr. 2200 kg	45 Ctr. 2250 kg	46 Ctr. 2300 kg	47 Ctr. 2350 kg	48 Ctr. 2400 kg	49 Ctr. 2450 kg	50 Ctr. 2500 kg
145	149	152	156	159	163	166	170	174	177
146	150	153	157	160	164	167	171	175	178
147	151	154	158	161	165	168	172	176	179
148	152	155	159	162	166	169	173	177	180
149	153	156	160	163	167	170	174	178	181
150	154	157	161	164	168	171	175	179	182
151	155	158	162	165	169	172	176	180	183
152	156	159	163	166	170	173	177	181	184
153	157	160	164	167	171	174	178	182	185
154	158	161	165	168	172	175	179	183	186
155	159	162	166	169	173	176	180	184	187
156	160	163	167	170	174	177	181	185	188
157	161	164	168	171	175	178	182	186	189
158	162	165	169	172	176	179	183	187	190
159	163	166	170	173	177	180	184	188	191
160	164	167	171	174	178	181	185	189	192
161	165	168	172	175	179	182	186	190	193
162	166	169	173	176	180	183	187	191	194
163	167	170	174	177	181	184	188	192	195
164	168	171	175	178	182	185	189	193	196
165	169	172	176	179	183	186	190	194	197
166	170	173	177	180	184	187	191	195	198
167	171	174	178	181	185	188	192	196	199
168	172	175	179	182	186	189	193	197	200
169	173	176	180	183	187	190	194	198	201
170	174	177	181	184	188	191	195	199	202
171	175	178	182	185	189	192	196	200	203
172	176	179	183	186	190	193	197	201	204
173	177	180	184	187	191	194	198	202	205
174	178	181	185	188	192	195	199	203	206
175	179	182	186	189	193	196	200	204	207
176	180	183	187	190	194	197	201	205	208
177	181	184	188	191	195	198	202	206	209
178	182	185	189	192	196	199	203	207	210
179	183	186	190	193	197	200	204	208	211
180	184	187	191	194	198	201	205	209	212
181	185	188	192	195	199	202	206	210	213
182	186	189	193	196	200	203	207	211	214
		190	194	197	201	204	208	212	215
			195	198	202	205	209	213	216
				199	203	206	210	214	217
				200	204	207	211	215	218
						208	212	216	219
							213	217	220
									221

8 % (63 — 70 % Ausbeute)

51 Ctr. 2550 kg	52 Ctr. 2600 kg	53 Ctr. 2650 kg	54 Ctr. 2700 kg	55 Ctr. 2750 kg	56 Ctr. 2800 kg	57 Ctr. 2850 kg	58 Ctr. 2900 kg	59 Ctr. 2950 kg	60 Ctr. 3000 kg
181	184	188	191	195	198	202	205	209	212
182	185	189	192	196	199	203	206	210	213
183	186	190	193	197	200	204	207	211	214
184	187	191	194	198	201	205	208	212	215
185	188	192	195	199	202	206	209	213	216
186	189	193	196	200	203	207	210	214	217
187	190	194	197	201	204	208	211	215	218
188	191	195	198	202	205	209	212	216	219
189	192	196	199	203	206	210	213	217	220
190	193	197	200	204	207	211	214	218	221
191	194	198	201	205	208	212	215	219	222
192	195	199	202	206	209	213	216	220	223
193	196	200	203	207	210	214	217	221	224
194	197	201	204	208	211	215	218	222	225
195	198	202	205	209	212	216	219	223	226
196	199	203	206	210	213	217	220	224	227
197	200	204	207	211	214	218	221	225	228
198	201	205	208	212	215	219	222	226	229
199	202	206	209	213	216	220	223	227	230
200	203	207	210	214	217	221	224	228	231
201	204	208	211	215	218	222	225	229	232
202	205	209	212	216	219	223	226	230	233
203	206	210	213	217	220	224	227	231	234
204	207	211	214	218	221	225	228	232	235
205	208	212	215	219	222	226	229	233	236
206	209	213	216	220	223	227	230	234	237
207	210	214	217	221	224	228	231	235	238
208	211	215	218	222	225	229	232	236	239
209	212	216	219	223	226	230	233	237	240
210	213	217	220	224	227	231	234	238	241
211	214	218	221	225	228	232	235	239	242
212	215	219	222	226	229	233	236	240	243
213	216	220	223	227	230	234	237	241	244
214	217	221	224	228	231	235	238	242	245
215	218	222	225	229	232	236	239	243	246
216	219	223	226	230	233	237	240	244	247
217	220	224	227	231	234	238	241	245	248
218	221	225	228	232	235	239	242	246	249
219	222	226	229	233	236	240	243	247	250
220	223	227	230	234	237	241	244	248	251
221	224	228	231	235	238	242	245	249	252
222	225	229	232	236	239	243	246	250	253
223	226	230	233	237	240	244	247	251	254
224	227	231	234	238	241	245	248	252	255
225	228	232	235	239	242	246	249	253	256
226	229	233	236	240	243	247	250	254	257
	230	234	237	241	244	248	251	255	258
			238	242	245	249	252	256	259
			239	243	246	250	253	257	260
					247	251	254	258	261
					248	252	255	259	262
							256	260	263
							257	261	264
									265
									266

8% (63—70% Ausbeute)

61 Ctr. 3050 kg	62 Ctr. 3100 kg	63 Ctr. 3150 kg	64 Ctr. 3200 kg	65 Ctr. 3250 kg	66 Ctr. 3300 kg	67 Ctr. 3350 kg	68 Ctr. 3400 kg	69 Ctr. 3450 kg	70 Ctr. 3500 kg
216	219	223	226	230	234	237	241	244	247
217	220	224	227	231	235	238	242	245	248
218	221	225	228	232	236	239	243	246	249
219	222	226	229	233	237	240	244	247	250
220	223	227	230	234	238	241	245	248	251
221	224	228	231	235	239	242	246	249	252
222	225	229	232	236	240	243	247	250	253
223	226	230	233	237	241	244	248	251	254
224	227	231	234	238	242	245	249	252	255
225	228	232	235	239	243	246	250	253	256
226	229	233	236	240	244	247	251	254	257
227	230	234	237	241	245	248	252	255	258
228	231	235	238	242	246	249	253	256	259
229	232	236	239	243	247	250	254	257	260
230	233	237	240	244	248	251	255	258	261
231	234	238	241	245	249	252	256	259	262
232	235	239	242	246	250	253	257	260	263
233	236	240	243	247	251	254	258	261	264
234	237	241	244	248	252	255	259	262	265
235	238	242	245	249	253	256	260	263	266
236	239	243	246	250	254	257	261	264	267
237	240	244	247	251	255	258	262	265	268
238	241	245	248	252	256	259	263	266	269
239	242	246	249	253	257	260	264	267	270
240	243	247	250	254	258	261	265	268	271
241	244	248	251	255	259	262	266	269	272
242	245	249	252	256	260	263	267	270	273
243	246	250	253	257	261	264	268	271	274
244	247	251	254	258	262	265	269	272	275
245	248	252	255	259	263	266	270	273	276
246	249	253	256	260	264	267	271	274	277
247	250	254	257	261	265	268	272	275	278
248	251	255	258	262	266	269	273	276	279
249	252	256	259	263	267	270	274	277	280
250	253	257	260	264	268	271	275	278	281
251	254	258	261	265	269	272	276	279	282
252	255	259	262	266	270	273	277	280	283
253	256	260	263	267	271	274	278	281	284
254	257	261	264	268	272	275	279	282	285
255	258	262	265	269	273	276	280	283	286
256	259	263	266	270	274	277	281	284	287
257	260	264	267	271	275	278	282	285	288
258	261	265	268	272	276	279	283	286	289
259	262	266	269	273	277	280	284	287	290
260	263	267	270	274	278	281	285	288	291
261	264	268	271	275	279	282	286	289	292
262	265	269	272	276	280	283	287	290	293
263	266	270	273	277	281	284	288	291	294
264	267	271	274	278	282	285	289	292	295
265	268	272	275	279	283	286	290	293	296
266	269	273	276	280	284	287	291	294	297
267	270	274	277	281	285	288	292	295	298
268	271	275	278	282	286	289	293	296	299
269	272	276	279	283	287	290	294	297	300
270	273	277	280	284	288	291	295	298	301
271	274	278	281	285	289	292	296	299	302
	275	279	282	286	290	293	297	300	303
			283	287	291	294	298	301	304
			284	288	292	295	299	302	305
					293	296	300	303	306
						297	301	304	307
						298	302	305	308
								306	309
									310

8.95 — 8.00 % Bllg. 63 — 70 % Ausbeute.

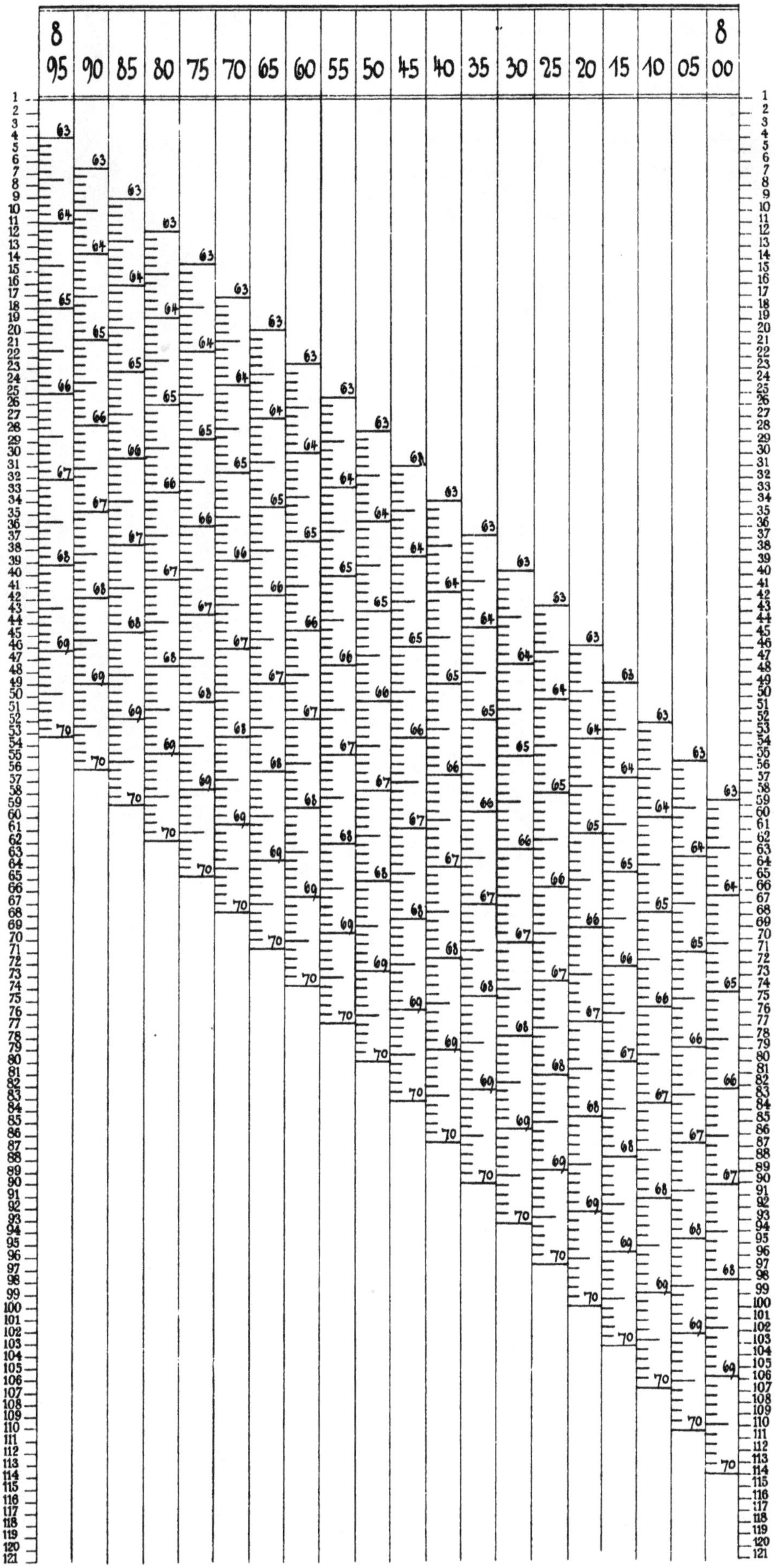
8 95 90 85 80 75 70 65 60 55 50 45 40 35 30 25 20 15 10 05 8 00

8% (70—78% Ausbeute)

11 Ctr. 550 kg	12 Ctr. 600 kg	13 Ctr. 650 kg	14 Ctr. 700 kg	15 Ctr. 750 kg	16 Ctr. 800 kg	17 Ctr. 850 kg	18 Ctr. 900 kg	19 Ctr. 950 kg	20 Ctr. 1000 kg
44	48	51	55	59	63	67	71	75	79
45	49	52	56	60	64	68	72	76	80
46	50	53	57	61	65	69	73	77	81
47	51	54	58	62	66	70	74	78	82
48	52	55	59	63	67	71	75	79	83
49	53	56	60	64	68	72	76	80	84
50	54	57	61	65	69	73	77	81	85
51	55	58	62	66	70	74	78	82	86
52	56	59	63	67	71	75	79	83	87
53	57	60	64	68	72	76	80	84	88
54	58	61	65	69	73	77	81	85	89
	59	62	66	70	74	78	82	86	90
		63	67	71	75	79	83	87	91
		64	68	72	76	80	84	88	92
				73	77	81	85	89	93
					78	82	86	90	94
						83	87	91	95
							88	92	96
								93	97
									98

8% (70 – 78% Ausbeute)

21 Ctr. 1050 kg	22 Ctr. 1100 kg	23 Ctr. 1150 kg	24 Ctr. 1200 kg	25 Ctr. 1250 kg	26 Ctr. 1300 kg	27 Ctr. 1350 kg	28 Ctr. 1400 kg	29 Ctr. 1450 kg	30 Ctr. 1500 kg
83	87	91	95	99	102	106	110	114	118
84	88	92	96	100	103	107	111	115	119
85	89	93	97	101	104	108	112	116	120
86	90	94	98	102	105	109	113	117	121
87	91	95	99	103	106	110	114	118	122
88	92	96	100	104	107	111	115	119	123
89	93	97	101	105	108	112	116	120	124
90	94	98	102	106	109	113	117	121	125
91	95	99	103	107	110	114	118	122	126
92	96	100	104	108	111	115	119	123	127
93	97	101	105	109	112	116	120	124	128
94	98	102	106	110	113	117	121	125	129
95	99	103	107	111	114	118	122	126	130
96	100	104	108	112	115	119	123	127	131
97	101	105	109	113	116	120	124	128	132
98	102	106	110	114	117	121	125	129	133
99	103	107	111	115	118	122	126	130	134
100	104	108	112	116	119	123	127	131	135
101	105	109	113	117	120	124	128	132	136
102	106	110	114	118	121	125	129	133	137
103	107	111	115	119	122	126	130	134	138
	108	112	116	120	123	127	131	135	139
		113	117	121	124	128	132	136	140
			118	122	125	129	133	137	141
				123	126	130	134	138	142
					127	131	135	139	143
					128	132	136	140	144
						133	137	141	145
							138	142	146
								143	147
									148

8 % (70 – 78 % Ausbeute)

31 Ctr. 1550 kg	32 Ctr. 1600 kg	33 Ctr. 1650 kg	34 Ctr. 1700 kg	35 Ctr. 1750 kg	36 Ctr. 1800 kg	37 Ctr. 1850 kg	38 Ctr. 1900 kg	39 Ctr. 1950 kg	40 Ctr. 2000 kg
122	126	130	134	138	142	146	150	153	157
123	127	131	135	139	143	147	151	154	158
124	128	132	136	140	144	148	152	155	159
125	129	133	137	141	145	149	153	156	160
126	130	134	138	142	146	150	154	157	161
127	131	135	139	143	147	151	155	158	162
128	132	136	140	144	148	152	156	159	163
129	133	137	141	145	149	153	157	160	164
130	134	138	142	146	150	154	158	161	165
131	135	139	143	147	151	155	159	162	166
132	136	140	144	148	152	156	160	163	167
133	137	141	145	149	153	157	161	164	168
134	138	142	146	150	154	158	162	165	169
135	139	143	147	151	155	159	163	166	170
136	140	144	148	152	156	160	164	167	171
137	141	145	149	153	157	161	165	168	172
138	142	146	150	154	158	162	166	169	173
139	143	147	151	155	159	163	167	170	174
140	144	148	152	156	160	164	168	171	175
141	145	149	153	157	161	165	169	172	176
142	146	150	154	158	162	166	170	173	177
143	147	151	155	159	163	167	171	174	178
144	148	152	156	160	164	168	172	175	179
145	149	153	157	161	165	169	173	176	180
146	150	154	158	162	166	170	174	177	181
147	151	155	159	163	167	171	175	178	182
148	152	156	160	164	168	172	176	179	183
149	153	157	161	165	169	173	177	180	184
150	154	158	162	166	170	174	178	181	185
151	155	159	163	167	171	175	179	182	186
152	156	160	164	168	172	176	180	183	187
	157	161	165	169	173	177	181	184	188
		162	166	170	174	178	182	185	189
			167	171	175	179	183	186	190
				172	176	180	184	187	191
					177	181	185	188	192
						182	186	189	193
							187	190	194
								191	195
								192	196
									197

8% (70—78% Ausbeute)

41 Ctr. 2050 kg	42 Ctr. 2100 kg	43 Ctr. 2150 kg	44 Ctr. 2200 kg	45 Ctr. 2250 kg	46 Ctr. 2300 kg	47 Ctr. 2350 kg	48 Ctr. 2400 kg	49 Ctr. 2450 kg	50 Ctr. 2500 kg
161	165	169	173	177	181	185	189	193	197
162	166	170	174	178	182	186	190	194	198
163	167	171	175	179	183	187	191	195	199
164	168	172	176	180	184	188	192	196	200
165	169	173	177	181	185	189	193	197	201
166	170	174	178	182	186	190	194	198	202
167	171	175	179	183	187	191	195	199	203
168	172	176	180	184	188	192	196	200	204
169	173	177	181	185	189	193	197	201	205
170	174	178	182	186	190	194	198	202	206
171	175	179	183	187	191	195	199	203	207
172	176	180	184	188	192	196	200	204	208
173	177	181	185	189	193	197	201	205	209
174	178	182	186	190	194	198	202	206	210
175	179	183	187	191	195	199	203	207	211
176	180	184	188	192	196	200	204	208	212
177	181	185	189	193	197	201	205	209	213
178	182	186	190	194	198	202	206	210	214
179	183	187	191	195	199	203	207	211	215
180	184	188	192	196	200	204	208	212	216
181	185	189	193	197	201	205	209	213	217
182	186	190	194	198	202	206	210	214	218
183	187	191	195	199	203	207	211	215	219
184	188	192	196	200	204	208	212	216	220
185	189	193	197	201	205	209	213	217	221
186	190	194	198	202	206	210	214	218	222
187	191	195	199	203	207	211	215	219	223
188	192	196	200	204	208	212	216	220	224
189	193	197	201	205	209	213	217	221	225
190	194	198	202	206	210	214	218	222	226
191	195	199	203	207	211	215	219	223	227
192	196	200	204	208	212	216	220	224	228
193	197	201	205	209	213	217	221	225	229
194	198	202	206	210	214	218	222	226	230
195	199	203	207	211	215	219	223	227	231
196	200	204	208	212	216	220	224	228	232
197	201	205	209	213	217	221	225	229	233
198	202	206	210	214	218	222	226	230	234
199	203	207	211	215	219	223	227	231	235
200	204	208	212	216	220	224	228	232	236
201	205	209	213	217	221	225	229	233	237
202	206	210	214	218	222	226	230	234	238
	207	211	215	219	223	227	231	235	239
		212	216	220	224	228	232	236	240
			217	221	225	229	233	237	241
				222	226	230	234	238	242
					227	231	235	239	243
						232	236	240	244
							237	241	245
								242	246
									247

8 % (70 — 78 % Ausbeute)

#	51 Ctr. 2550 kg	52 Ctr. 2600 kg	53 Ctr. 2650 kg	54 Ctr. 2700 kg	55 Ctr. 2750 kg	56 Ctr. 2800 kg	57 Ctr. 2850 kg	58 Ctr. 2900 kg	59 Ctr. 2950 kg	60 Ctr. 3000 kg
3	200	204	208	212	216	220	224	228	232	236
5	201	205	209	213	217	221	225	229	233	237
6								230	234	238
7	202	206	210	214	218	222	226			
8					219	223	227	231	235	239
9	203	207	211	215						
10				216	220	224	228	232	236	240
11	204	208	212							241
12			213	217	221	225	229	233	237	
13	205	209						234	238	242
14			214	218	222	226	230			
15	206	210				227	231	235	239	243
16		211	215	219	223			236	240	244
17	207				224	228	232			
18		212	216	220				237	241	245
19	208				225	229	233			
20		213	217	221		230		238	242	246
21	209				226		234			247
22		214	218	222		231	235	239	243	
23	210			223	227				244	248
24		215	219			232	236	240		
25	211			224	228		237	241	245	249
26		216	220			233				250
27	212			225	229		238	242	246	
28	213	217	221		230	234			247	251
29			222	226			239	243		
30	214	218			231	235	240	244	248	252
31			223	227						253
32	215	219			232	236	241	245	249	
33			224	228		237				254
34	216	220		229	233		242	246	250	
35			225			238			251	255
36	217	221	226	230	234		243	247		256
37						239		248	252	
38	218	222	227	231	235		244			257
39					236	240		249	253	
40	219	223	228	232			245		254	258
41		224			237	241		250		259
42	220		229	233		242	246		255	
43		225			238		247	251		260
44	221		230	234		243		252	256	
45		226	231		239		248		257	261
46	222			235		244		253		262
47		227	232	236	240		249		258	
48	223				241	245		254		263
49		228	233	237		246	250		259	
50	224			238	242		251	255	260	264
51		229	234			247		256		265
52	225			239	243		252		261	
53		230	235	240		248		257		266
54	226				244		253		262	
55		231	236	241		249	254	258		267
56	227				245			259	263	268
57		232	237	242		250	255		264	
58	228				246	251		260		269
59		233	238	243	247		256		265	
60	229	234				252		261		270
61			239	244	248		257		266	271
62	230	235				253		262	267	
63			240	245	249		258	263		272
64	231	236				254	259		268	
65			241	246	250	255		264		273
66	232	237	242				260	265	269	274
67					251	256			270	
68	233	238	243	247	252		261	266		275
69						257			271	
70	234	239	244	248	253	258	262	267		276
71							263		272	277
72	235	240	245	249	254	259		268	273	
73				250			264			278
74	236	241	246		255	260		269	274	
75				251			265	270		279
76	237	242	247		256	261	266		275	280
77				252	257			271		
78	238	243	248	253		262	267	272	276	281
79	239				258				277	
80		244	249	254		263	268	273		282
81	240				259				278	283
82		245	250	255		264	269	274		
83	241				260	265			279	284
84		246	251	256			270	275	280	
85	242				261	266	271			285
86		247	252	257	262			276	281	286
87	243					267	272	277		
88		248	253	258	263	268		278	282	287
89	244						273		283	
90		249	254	259	264	269				288
91	245	250					274	279	284	289
92			255	260	265	270	275			
93	246	251						280	285	290
94			256	261	266	271	276	281		
95	247	252	257						286	291
96				262	267	272	277	282	287	292
97	248	253	258	263			278			
98					268	273		283	288	293
99	249	254	259	264	269	274	279			
100								284	289	294
101	250	255	260	265	270	275	280	285	290	295
103	251	256	261	266	271	276	281	286	291	296

8 % (70 — 78 % Ausbeute)

61 Ctr. 3050 kg	62 Ctr. 3100 kg	63 Ctr. 3150 kg	64 Ctr. 3200 kg	65 Ctr. 3250 kg	66 Ctr. 3300 kg	67 Ctr. 3350 kg	68 Ctr. 3400 kg	69 Ctr. 3450 kg	70 Ctr 3500 kg
239	243	247	251	255	259	263	267	271	275
240	244	248	252	256	260	264	268	272	276
241	245	249	253	257	261	265	269	273	277
242	246	250	254	258	262	266	270	274	278
243	247	251	255	259	263	267	271	275	279
244	248	252	256	260	264	268	272	276	280
245	249	253	257	261	265	269	273	277	281
246	250	254	258	262	266	270	274	278	282
247	251	255	259	263	267	271	275	279	283
248	252	256	260	264	268	272	276	280	284
249	253	257	261	265	269	273	277	281	285
250	254	258	262	266	270	274	278	282	286
251	255	259	263	267	271	275	279	283	287
252	256	260	264	268	272	276	280	284	288
253	257	261	265	269	273	277	281	285	289
254	258	262	266	270	274	278	282	286	290
255	259	263	267	271	275	279	283	287	291
256	260	264	268	272	276	280	284	288	292
257	261	265	269	273	277	281	285	289	293
258	262	266	270	274	278	282	286	290	294
259	263	267	271	275	279	283	287	291	295
260	264	268	272	276	280	284	288	292	296
261	265	269	273	277	281	285	289	293	297
262	266	270	274	278	282	286	290	294	298
263	267	271	275	279	283	287	291	295	299
264	268	272	276	280	284	288	292	296	300
265	269	273	277	281	285	289	293	297	301
266	270	274	278	282	286	290	294	298	302
267	271	275	279	283	287	291	295	299	303
268	272	276	280	284	288	292	296	300	304
269	273	277	281	285	289	293	297	301	305
270	274	278	282	286	290	294	298	302	306
271	275	279	283	287	291	295	299	303	307
272	276	280	284	288	292	296	300	304	308
273	277	281	285	289	293	297	301	305	309
274	278	282	286	290	294	298	302	306	310
275	279	283	287	291	295	299	303	307	311
276	280	284	288	292	296	300	304	308	312
277	281	285	289	293	297	301	305	309	313
278	282	286	290	294	298	302	306	310	314
279	283	287	291	295	299	303	307	311	315
280	284	288	292	296	300	304	308	312	316
281	285	289	293	297	301	305	309	313	317
282	286	290	294	298	302	306	310	314	318
283	287	291	295	299	303	307	311	315	319
284	288	292	296	300	304	308	312	316	320
285	289	293	297	301	305	309	313	317	321
286	290	294	298	302	306	310	314	318	322
287	291	295	299	303	307	311	315	319	323
288	292	296	300	304	308	312	316	320	324
289	293	297	301	305	309	313	317	321	325
290	294	298	302	306	310	314	318	322	326
291	295	299	303	307	311	315	319	323	327
292	296	300	304	308	312	316	320	324	328
293	297	301	305	309	313	317	321	325	329
294	298	302	306	310	314	318	322	326	330
295	299	303	307	311	315	319	323	327	331
296	300	304	308	312	316	320	324	328	332
297	301	305	309	313	317	321	325	329	333
298	302	306	310	314	318	322	326	330	334
299	303	307	311	315	319	323	327	331	335
300	304	308	312	316	320	324	328	332	336
	305	309	313	317	321	325	329	333	337
		310	314	318	322	326	330	334	338
			315	319	323	327	331	335	339
				320	324	328	332	336	340
					325	329	333	337	341
						330	334	338	342
							335	339	343
								340	344
									345

8.95 — 8.00 % Bllg.   70 — 78 % Ausbeute.

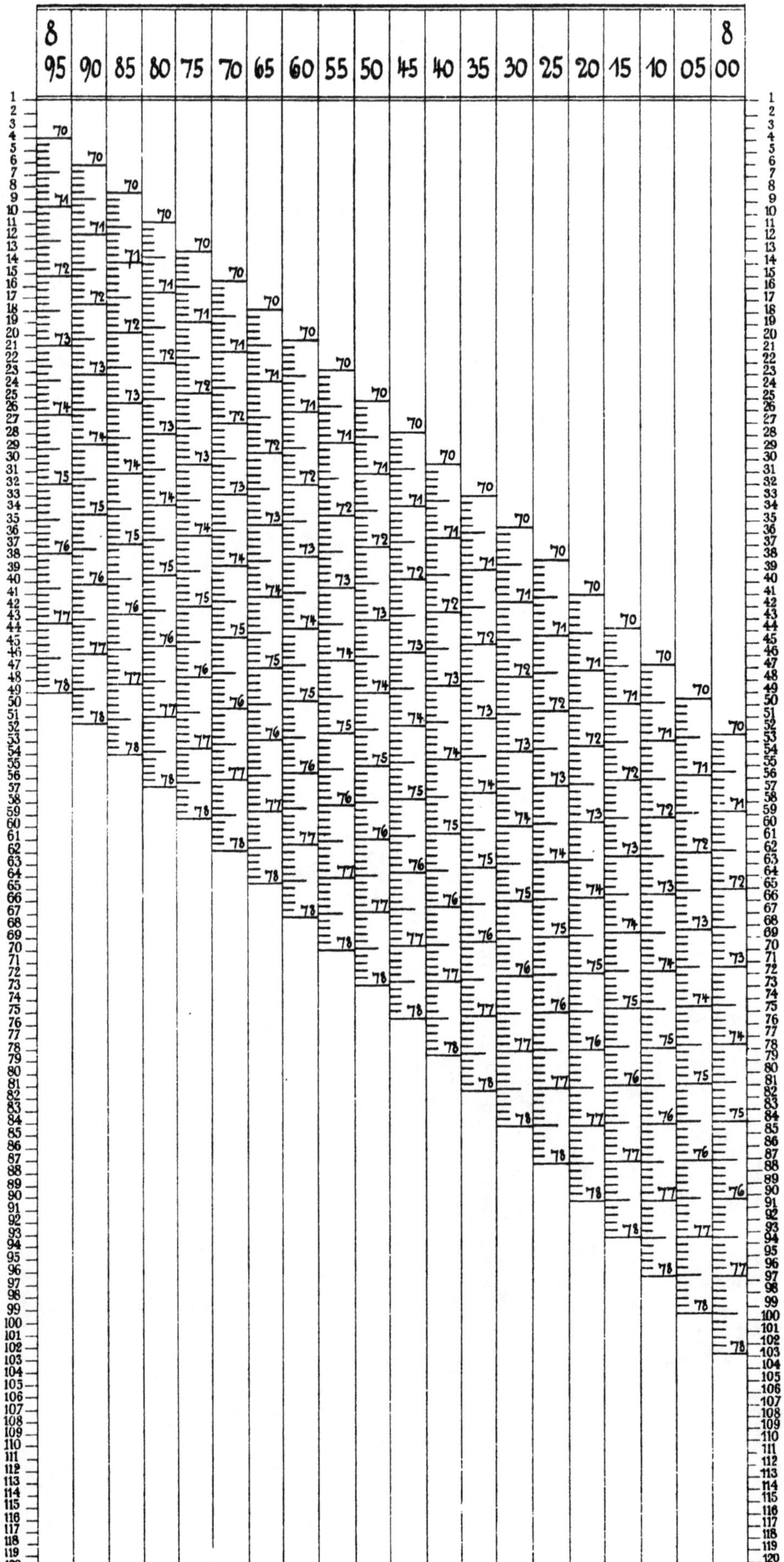

8 95
90
85
80
75
70
65
60
55
50
45
40
35
30
25
20
15
10
05
8 00
70
71
72
73
74
75
76
77
78

Zur gefl. Beachtung!

Es sei an dieser Stelle besonders darauf aufmerksam gemacht, daß diese Tabellen selbst für die **kleinste Malzschüttung** angewandt werden können. Die Tabellen sind absolut nicht auf die angeführten Malzschüttungen von 11 bis 100 Ztr. beschränkt, sondern es ist bei Malzschüttungen, die unter 11 Ztr. liegen, nur nötig, sowohl die Schüttung, als auch das Ausschlagquantum mit 10 zu vervielfältigen. Wenn beispielsweise die Malzschüttung $6\frac{1}{2}$ Ztr. und das Ausschlagquantum $21\frac{1}{2}$ hl bei 10,9 % Ballg. Saccharometeranzeige beträgt, so ist die Ausbeute unter $6\frac{1}{2} \times 10 = 65$ Ztr. Schüttung und $21\frac{1}{2} \times 10 = 215$ hl Ausschlagquantum natürlich unter der gleichen Saccharometeranzeige, also 10,9 % Ballg. abzulesen.

Im Vorwort dieser Tabellen ist dies auch eingehend bemerkt, weshalb es unerläßlich ist, zum Gebrauch der Tabellen das Vorwort vorerst durchzulesen.

Fernerhin ist es für kleinere Brauereien, die ständig ein und dieselbe Schüttung haben, als praktisch zu empfehlen, das betreffende Vorlageblatt (mit der Schüttungsangabe) und die dazu gehörige Ablesetafel aus dem Buche herauszutrennen und nebeneinander auf einem Karton aufzukleben, wodurch das Aufsuchen im Buche in Wegfall kommt.

22. 11.

www.ingramcontent.com/pod-product-compliance
Lightning Source LLC
Chambersburg PA
CBHW081434190326
41458CB00020B/6198